# 山地城镇河流和湖库水质保障与运维技术

封丽 张勇 著

科学出版社

北京

## 内 容 简 介

本书针对重庆市次级河流和湖库水生态系统的保护、治理、维护等方面存在的问题，根据美丽重庆建设的目标，通过调研国内外水生态系统研究现状及发展趋势，分析山地城镇河流和湖库水体污染机理及过程，整理、汇总次级河流和湖库水质保障技术与水质运维技术，展示技术应用及示范的有关情况，为次级河流和湖库的水质保障提供科技支撑。

本书可以为环保工作者提供技术和管理支撑，对水生态环境的保护和水污染的治理起到一定的借鉴作用，助力美丽中国建设。

**图书在版编目（CIP）数据**

山地城镇河流和湖库水质保障与运维技术 / 封丽，张勇著. -- 北京：科学出版社，2025. 1. -- ISBN 978-7-03-080483-9

Ⅰ. X832

中国国家版本馆 CIP 数据核字第 20240RZ886 号

责任编辑：郑述方　程雷星 / 责任校对：任云峰
责任印制：罗　科 / 封面设计：墨创文化

**科 学 出 版 社** 出版

北京东黄城根北街 16 号
邮政编码：100717
http://www.sciencep.com

**成都锦瑞印刷有限责任公司印刷**
科学出版社发行　各地新华书店经销

\*

2025 年 1 月第 一 版　　开本：787×1092　1/16
2025 年 1 月第一次印刷　　印张：9 1/2
字数：226 000

**定价：128.00 元**
（如有印装质量问题，我社负责调换）

# 前　言

　　流域作为自然界中水资源的空间载体，承载着人类各项经济社会活动，孕育出丰富多样的人类文明。"十三五"时期，我国重点流域水环境质量总体稳定向好，水安全保障进一步增强，对推进全国生态文明建设，打赢污染防治攻坚战作出了重大贡献。但是，部分次级河流和湖库水环境综合治理存在的根本矛盾尚未有效缓解，水环境状况改善不平衡不协调的问题突出，与美丽中国建设目标要求和人民群众对优美生态环境的需要仍有较大差距。2019 年 4 月，习近平总书记在重庆考察时强调，要深入抓好生态文明建设，坚持上中下游协同，加强生态保护与修复，筑牢长江上游重要生态屏障。2023 年 7 月，习近平总书记在全国生态环境保护大会上强调，我国生态环境保护结构性、根源性、趋势性压力尚未根本缓解。我国经济社会发展已进入加快绿色化、低碳化的高质量发展阶段，生态文明建设仍处于压力叠加、负重前行的关键期。必须以更高站位、更宽视野、更大力度来谋划和推进新征程生态环境保护工作，谱写新时代生态文明建设新篇章。近年来，长江上游生态屏障建设取得阶段性成绩，但仍存在库区水资源短缺、支流局部季节性水质恶化、水源涵养能力不足、生态功能脆弱、水污染治理水平落后、新兴环境污染治理技术缺乏等问题，次级河流和湖库水环境保护形势不容乐观。因此，开展次级河流和湖库水质保障与运维技术研究，科学指导水生态环境的保护修复，具有重要的理论意义和应用价值。

　　本书是在重庆市技术创新与应用示范专项重点研发项目"次级河流和湖库水质保障与运维技术研究与示范"研究成果的基础上凝练而成的。全书共 7 章，针对重庆市次级河流和湖库水生态系统的保护、修复、运维等方面存在的问题，结合美丽重庆建设相关目标，通过调研国内外相关技术研究现状与发展趋势，解析山地城镇河流和湖库水体污染机理及过程，整理、汇总次级河流和湖库水质保障与运维相关技术，结合技术应用与示范案例，全面构建次级河流和湖库水质保障与运维技术体系，以期为山地城镇水环境保护修复提供一些参考。

　　次级河流和湖库水质保障技术体系复杂，涉及范围广，构建难度大。本书主要结合山地城镇水生态系统的特质和研究建设的示范工程进行总结提炼，论述不全在所难免。因此，本书仍有许多有待完善和深入研究的地方，限于作者的学识与水平，书中难免存在疏漏和不足之处，敬请广大读者与同仁批评指正。

作　者

2024 年 11 月

# 目　录

# 第1章　重庆市自然地理、社会经济及水生态系统概述

## 1.1　自　然　地　理

重庆市位于 28°10′～32°13′N，105°17′～110°11′E，地处较为发达的东部地区和资源丰富的西部地区的接合部，东邻湖北、湖南，南接贵州，西靠四川，北连陕西。重庆市是直辖市之一，我国重要的中心城市，国家历史文化名城和国际性综合交通枢纽城市。

重庆市是典型的山地城市，地势由南北向长江河谷逐级降低，西北部和中部以丘陵、低山为主，东南部靠大巴山和武陵山两大山脉，主要河流有长江、嘉陵江、乌江、涪江、綦江、大宁河等（李学梅，2010）。重庆年平均气温 17.7℃，降水充沛，年降水量普遍在 1000～1300 mm，年平均水资源总量约为 5000 亿 m³，水电资源理论储量 1432.8 万 kW，可开发容量 750 万 kW，每平方千米可开发水电的总装机容量是全国平均数的 3 倍。

重庆现有 6000 多种植物，包括被称为"活化石"的桫椤、水杉、秃杉、杉木、珙桐等珍稀树种，森林覆盖率达到 54.5%。重庆还是中国重要的中药材产地之一，产出黄连、白术、金银花、党参、贝母、天麻、厚朴、乌桕、杜仲、延胡索、当归等中药药材。此外，还拥有 800 多种陆生野生脊椎动物资源，包括黑叶猴、大灵猫、小灵猫等 112 种国家重点保护野生陆生动物。

## 1.2　社　会　经　济

重庆市位于长江上游，辖区面积 8.24 万 km²，辖 38 个区县（26 区、8 县、4 自治县）。2021 年末全市常住人口 3212.43 万人，其中城镇人口 2259.13 万人，占常住人口比重（常住人口城镇化率）为 70.32%。人口以汉族为主，土家族、苗族等少数民族人口约 194 万人。

党的十八大以来，重庆始终坚持以习近平新时代中国特色社会主义思想为指导，深入贯彻落实党中央各项决策部署，坚持以人民为中心的发展思想，加强改革创新，优化政府对基础公共服务资源的配置，强化基础公共服务设施建设，全市社会治理体系和治理能力极大提升，人民生活水平和质量普遍提高，人民群众的获得感、幸福感、安全感显著提升。初步核算，2021 年实现地区生产总值 27894.02 亿元，人均地区生产总值达到 86879 元，同比增长 7.8%。三次产业结构由 2012 年的 7.6∶45.8∶46.6 发展为 2021 年的 6.9∶40.1∶53.0，呈现第一、第二产业占比下降，第三产业占比提升的发展趋势。与此同时，三次产业内部行业结构也逐步向多元化、高质量方向发展。

## 1.3 水生态系统概况

水生态系统是水生生物、水环境相互作用，通过物质循环、能量流动和信息传递共同构成具有一定结构和功能的动态平衡系统，可分为淡水生态系统和海水生态系统（Rui et al.，2022）。水生态系统由生产者、消费者、分解者以及非生物类物质这四类要素构成。水生态系统作为自然界生态系统的重要组成要素之一，为人们提供水产品、淡水资源等，具有改善当地环境、调节区域气候、生物多样性保育和涵养水源等间接服务功能（Flood et al.，2020）。

重庆市内流域面积 $50 \sim 1000 \text{ km}^2$ 的河流共 468 条，其中，跨区县河流有 104 条，不跨区县河流有 364 条，跨省市河流有 80 条（涉及四川省 27 条、贵州省 25 条、湖北省 23 条、湖南省 4 条、陕西省 1 条）。河流总长 13375 km，其中，干流流经重庆市内河段总长 12012 km。流域面积 $500 \sim 1000 \text{ km}^2$ 的河流有 32 条，流域面积 $200 \sim 500 \text{ km}^2$ 的河流有 75 条，流域面积 $100 \sim 200 \text{ km}^2$ 的河流有 126 条，流域面积 $50 \sim 100 \text{ km}^2$ 的河流有 235 条。次级河流和湖库作为河流网络基础的组成部分，与河流生态健康有密切联系。"十三五"期间，重庆市水环境质量逐步改善。《2021 年重庆市生态环境状况公报》显示，长江干流重庆段总体水质为优，20 个监测断面水质均为Ⅱ类；长江支流总体水质为优，122 条河流 218 个监测断面中，Ⅰ～Ⅲ类、Ⅳ类和Ⅴ类水质的断面比例分别为 94.5%、5.0%和 0.5%；水质满足水域功能的断面占 98.2%。

## 1.4 水生态系统存在问题

重庆市区域水资源短缺、工程性缺水等问题较为严重。三峡库区过境水资源丰富，但重庆本地水资源严重不足，人均水资源量约为 $1771.3 \text{ m}^3$，仅为全国人均水资源量的 82.9%；按照国际公认的标准，重庆属于中度缺水地区，其中有 11 个区县人均水资源量低于 $900 \text{ m}^3$，属于重度缺水地区；时空间分布不均，工程性缺水等问题较为严重，制约了经济社会发展；仅 2022 年库区 245 条河流断流，近 1000 万人受极端高温干旱影响。

干流水质总体良好稳定，但支流水污染问题依然严峻。2018～2023 年，三峡库区干流水质全部保持Ⅱ类水，但支流仍存在不达标甚至劣Ⅴ类水体，总磷污染问题突出，库区 26 条支流回水区水华频发。第二次全国污染源普查数据显示，重庆市农业源水污染物化学需氧量、总磷排放量分别占该污染物排放总量的 42.6%、62.9%，其中，畜禽及水产养殖在农业源占比高，导致部分支流污染严重。

水源涵养能力低，生态功能脆弱。三峡库区森林覆盖率 58%，其中人工林占 40%以上，且集中分布在东部喀斯特地貌区，生态功能欠缺，物质循环和流通一般，整体水源涵养能力低；2022 年三峡库区水土流失面积 $18260 \text{ km}^2$，占土地总面积的 31.65%，消落区植被显著退化，植物种类由蓄水前的 400 多种减少到 100 多种，库岸稳定性明显减弱，加剧了库岸水土流失和土壤侵蚀，生态功能脆弱。

# 第 2 章　国内外水生态系统研究现状及发展趋势

## 2.1　河流和湖库水生态系统的循环过程与功能

### 2.1.1　水文循环及生态响应

#### 1. 水文循环

水文循环是指地球上的水在太阳辐射和重力作用下,以蒸发、水汽输送、降水、下渗、径流等方式进行周而复始的运动过程。该循环过程将地球上不同的圈层有机联系起来,使其中的水处于不同周期不断更新的状态,从而维持了全球水量的动态平衡。太阳辐射和地球的重力作用是驱动水文循环的外因,水的三态转化特性是产生水文循环的内因。

从全球水文循环来看,设想其最初从海洋蒸发开始,蒸发的水汽进入大气圈后,被气流传输至各地,在适当条件下凝结为水滴,当水滴克服了空气阻力就会以降水形式降落形成雨、雪、冰雹等。其中,海面上的降水直接回归海洋,降落至陆地表面的除重新蒸发升空的水汽外,一部分会被人类、植物和动物等利用、截留,一部分成为地表径流补给江河湖泊,一部分渗入岩土层,转化为壤中流与地下径流,地表径流、壤中流和地下径流最后都汇入海洋,构成全球性的、连续有序的动态水文循环,全球水文循环过程见图 2-1。

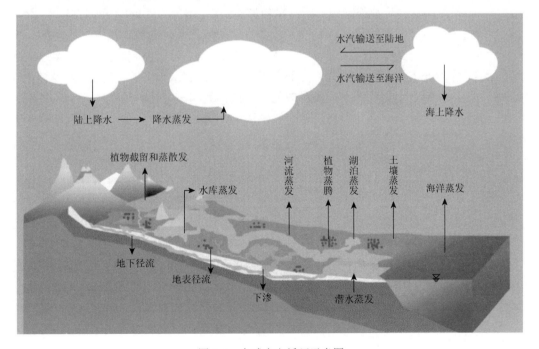

图 2-1　全球水文循环示意图

水文循环是自然界物质运动、能量转化和物质循环的重要方式之一，自然环境的形成、演化和人类的生存都受到水文循环的重大影响。云、雨和闪电等自然现象的主要物质基础就来自通过蒸发进入大气的水汽。气候的湿润或干燥受到大气中水汽含量的直接影响。水汽凝结成的雨（冰雹、雪），落到地面汇聚成地表径流，冲刷和侵蚀地面，形成沟溪江河；水流搬运大量泥沙，形成冲积平原；渗入地下的水，溶解岩层中的物质，富集盐分，输入大海；易溶解的岩石受到水流强烈侵蚀和溶解作用，可形成岩溶等地貌。水文循环形成大量可以重复使用的再生水资源，为一切生物提供不可缺少的水分；大气降水把天空中游离的氮素带到地面，滋养植物；陆地上的径流又把大量的有机质送入海洋，供养海洋生物；而海洋生物又是人类生产生活的重要物质来源。水文循环是众多生物地质化学循环之一，而水流在众多的生物地质化学循环中皆扮演着重要的角色，把磷和被腐蚀的沉积物从陆地输送给水中生物。此外，水文循环过程在维护河流生物多样性和生态系统完整性方面发挥着关键作用。

2. 水文生态响应

1）水文情势要素及响应

自然的水文情势是维持本土生物多样性与生态系统完整性的基础。河流水文情势对河流生态系统起到支撑作用，研究人员主要从水文情势指标体系构建和水文情势评价方法两个方面进行研究。Richter 等（1996）提出了水文蚀变指标体系（indicators of hydrologic alteration，IHA），该指标体系要素为流量、频率、发生时间、持续时间和变化率，表征了水流对生态的影响。

河流系统的生物过程对水文情势的变化呈现明显动态响应。流量指单位时间通过河流特定横断面的水体体积，频率指超过某一特定流量值的水文事件的概率。流量的增加或减小，会使得河流被侵蚀或淤积、敏感物种可能丧失、水生生物的生命周期发生改变。发生时间是水文事件出现时机，也是水文事件发生的规律性，如每年洪峰发生时间。当发生时间为季节性流量峰值时，其可能会扰乱鱼类活动信号，使鱼类无法进入湿地或回水区，还可能改变水生食物网结构、降低河岸带植物繁衍度、造成外来物种入侵等。持续时间是指某一特定水文事件发生所对应的时间段，如河床年内地域某一特定流量值的天数。低流量时间延长，会使得河流中有机物浓缩、植被覆盖度降低、植物生物多样性降低、河岸带物种组成荒漠化、生理胁迫引起植物生长速度下降甚至死亡；基流"峰值部分"延长会导致下游漂浮的卵消失；洪水持续时间改变会导致植被覆盖类型变化；洪水淹没时间延长会导致植被功能类型改变、树木死亡、水生生物无浅滩栖息地。变化率是指流量从一个值变为另一个值的速度，是反应时间-流量过程的斜率，水位迅速改变会使得部分水生生物搁浅或被淘汰；洪水退潮加快会使得秧苗无法生存。

2）生态-水文相互关系

生态-水文相互关系包括植物个体的水分行为（水碳耦合过程、水分利用策略）、群落尺度的水分分配与利用、生态系统尺度的水碳关系与水循环作用、景观或流域尺度的水文过程影响等。随着研究的深入，人们逐渐认识到大气、植被和土壤系统之间水分交换和传输的复杂性，以及陆地生态与水循环之间的能水交互影响。植被生态系统不仅在水分再分配和蒸散发方面起作用，还通过对地表能量物质循环的影响对气候系统产生反馈作用，并对区域水循环产生一系列连锁效应。全球变化研究的进展揭示了陆面-植被-水-大气系统中的相互关联和反馈，这些关系不仅决定了流域、区域能水平衡，还与全球气候系统密切相关，是全球气候变化的重要因素。此外，陆面-大气相互作用是通过两个错综复杂的途径（生物物理途径和生物地球化学途径）来完成的。动量、辐射能量和感热代表了生物物理传输，而 $CO_2$ 和多种微量气体则与在植物或土壤表面发生的生物地球化学活动有关。

3）水文过程变化的生态响应

物种结构的内部演替和外部环境的物理化共同形成了本地独特的水生态系统。非生物环境，如水文、水质和底质等因素共同构成了水生态系统生物的生命史策略的一部分。大量观测与研究表明，从区域到全球范围，植物群落的空间分布和时间动态都受到降水的显著影响。降水的丰沛度和物种丰富度及群落组成的空间变异度正相关。水分可利用性是植物物种丰富度的关键驱动因子，在热量充足的温暖地区，物种丰富度对水分的依赖更加显著，而在热量输入较低的寒冷地带，物种丰富度则由水热共同决定。在北方荒漠植被带，物种丰富度与降水量和土壤水分呈显著正相关关系，也证实了受水资源限制的生态系统，群落物种组成与多样性对降水的年际变异更为敏感。除平均形态（如年均降水量）的变化外，降水的季节和年际变率增强、极端降水事件增加等也对生态系统有较大影响（马朝，2016）。

水文生态响应关系分为直接关系和间接关系，定性分析重点为间接关系，主要是通过特殊物种来识别河流的生态流量需求并以此作为研究区域水文响应的定性依据。经过学者们近 40 年的研究，已经基本建立了流量与河流生态系统横向连通性和纵向连通性相关关系的定性识别体系，见图 2-2（葛金金，2019）。美国得克萨斯州的研究人员最早提出

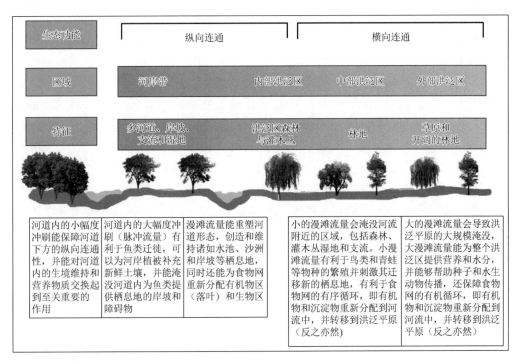

图 2-2　流量与河流生态系统横向连通性和纵向连通性相关关系

了根据流量的大小、频率、持续时间等确定生态流量，结合近 40 年水文监测和生物监测资料，将全年流量定性划分为 4 个类型：生存流量、基本流量、脉冲流量和漫滩流量。南非的结构单元法（building block methodology，BBM）和 Drift 法将流量分为 5 类：极端低流量、低流量、高脉冲流量、小洪水流量和大洪水流量。在定性识别水文生态响应关系后，国内有学者将水文生态响应关系分为线性、阈值性和非线性三种类型，且以非线性和阈值性为主。

## 2.1.2　水生态系统理论分区研究

### 1. 水生态区研究的国内外情况

美国国家环境保护局在 20 世纪 70 年代末提出了更高的水环境保护目标，要求同步关注污染控制和水生态系统结构与功能的保护。为了实现从水化学指标向水生态指标管理的转变，美国有关部门建立了一个能够反映水生态系统空间特征差异的管理单元体系，以指导水质管理的同时为水生态完整性标准的制定提供依据。水生态区的概念也由此引出，其将具有相对同质的淡水生态系统或生物体及其与环境相互关系的土地单元划为一个水生态区。

Bailey 分区方案最先被美国国家环境保护局采用，但事实证明该方案的区划方法更适宜于陆地生态系统的区域划分，在水生态系统的区域划分中有诸多不适宜之处：因为它主要是根据影响陆地植被特征的自然要素进行区划的，而不是根据影响水生态系统的指标进行区划的。例如，在 Bailey 分区中地域层次的生态区是根据 Kucher 的自然植被类型进行划分的，"地段"层次的生态亚区是以 Hammond 的地表形态类型进行划分的。大量研究表明，水生态系统的区域特征不是由单一的地表要素所决定的，而是由多种地表要素的共同作用所决定的，并且这些要素在各个区域所发挥的作用也不尽相同。于是美国国家环境保护局开始着手研究专门的水生态区划体系，提出了根据不同尺度的地貌、土壤、植被和土地利用等要素进行划分的方法，并在 1987 年提出了美国水生态区划方案（孟伟等，2007）。

该方案的提出得到了美国管理部门的普遍认可，被应用于水生态系统的管理之中，并在区域监测点的选择和受损水生态系统恢复标准的建立上取得了良好的效果。自美国提出水生态区划的概念和方法之后，该方案得到世界许多国家相关人员的关注和研究，澳大利亚、英国和奥地利等国家也陆续开始采用这一方案。2000 年颁布的《欧盟水框架指令》中，提出要以水生态区为基础单元确立水体的参考条件，根据参考条件评估水体的生态状况，最终确定生态保护和恢复目标的淡水生态系统保护原则。

生态区划是在自然区划的基础上发展而来的，它在充分认识自然规律和深入研究人与生态系统相互作用关系的基础上，应用生态学原理和方法划分生态环境的区域单元，进而揭示区域间生态系统特征的相似性和差异性，为不同区域中自然资源的合理开发和利用以及环境保护提供决策依据，为全国和区域生态环境整治服务（刘国华和傅伯杰，1998；傅伯杰等，2001；黄艺等，2009）。

生态评价是针对复合生态系统的结构、功能以及动态变化，借助生态学、经济地理学、环境科学、系统科学等学科的理论和技术方法，对评价对象系统的组成、结构与功能、过程与格局、系统稳定性与演化趋势等进行优劣势分析，评价系统发展的潜力与制约因素，为生态调控与决策提供理论与技术支持（张洪军，2007）。加拿大完善的生态区划理论与起源于美国森林生态系统管理评价的生态系统评价研究的结合及其在北美大陆的蓬勃兴起，对全球产生了深刻影响。

2. 我国流域水生态区划研究情况

我国流域生态环境问题日益集中和突出，已有的生态功能区划主要针对陆地生态系统，难以从根本上协调流域各利益相关者在水质、水量、水生态方面的冲突，无法适应以恢复完整性和可持续性生态系统健康为目标的流域生态系统管理的新要求，同时也无法满足未来我国水环境管理和水资源保护战略的新需求（黄艺等，2009）。因此，需要开展流域水生态功能区划研究。目前，我国在流域的水生态系统功能与服务、流域尺度的管理与资源利用协调等方面的研究都相对薄弱（高永年和高俊峰，2010）。水域生态功能区划需要基于流域水生态过程分析，评估流域水生态健康，识别流域水生态过程的驱动因子；明确各区域的主导生态系统服务功能，划定对流域生态系统健康起关键作用的重要生态功能区域（黄艺等，2009）。流域水生态区划研究主要包括以下几个方面。

（1）机制研究。流域水生态功能分区要想体现流域水生态系统的空间格局、尺度响应和区域差异（生物区系、群落结构和水体理化环境的异同等），就必须对流域生态系统能量、物质和生物流动与分布规律，流域生态系统承载能力、稳定性及其反馈机制，流域生态系统物质循环特征，流域生态服务功能时空演变过程等科学问题进行深入研究和分析。当前水生态系统服务及功能研究的关键问题就在于揭示水生态系统结构过程服务及功能的相互关系，明确生态系统服务及功能形成机制。生态系统的空间格局、生态过程和动态演替是需要重点分析的问题（黄艺等，2009；李艳梅等，2009）。此外，还需要加强对生物多样性与水域生态系统功能之间关系研究的重视。

（2）尺度问题。有研究表明水生态系统的结构和功能是由各种影响因素在不同尺度上的综合作用所决定的，宏观尺度上有区域地质和气候等因素的作用，中微尺度上有河道水动力学、河道形态、栖息地环境等因素的作用，人类活动的干扰也通过各个尺度因素变化发挥作用。这种不同尺度上各种因素的综合作用决定了水生态系统的空间特征与演变趋势（Frissell et al.，1986）。当然，生态系统服务功能的形成也依赖于一定的空间和时间尺度上的生态系统结构与过程，只有在特定的时空尺度上才能表现其显著的主导作用和效果。不同尺度的生态系统服务功能对不同尺度上的利益相关方来说具有不同的重要性（傅伯杰等，2009）。例如，水生态系统产品提供的功能往往与当地居民的利益密切相关；调节功能和支持功能通常与区域、全国，甚至全球尺度的人类利益相关；文化功能则与本地-全球尺度上的利益相关方关系密切（张宏锋等，2007）。因此，在水生态功能区的划分中重视尺度特征与多尺度关联，不仅可以体现水生态系统的空间层次结构，还可以对水生态系统的影响因素进行筛选，从而揭示出水生态系统的演变机理，明确水生态功能的空间尺度范围和持续时段（孟伟等，2007）。

（3）人类活动影响。我国已有的生态功能分区研究，强调人工生态系统在整个生态系统中的地位，偏重评价生态系统对人类的服务功能。而随着人类活动影响加剧，系统研究人类活动对水生态系统服务功能的影响和生态系统服务功能的响应与变化意义重大。因此，应客观评价分析区域发展政策、土地利用变化和自然资源利用行为对水生态系统服务功能的影响，揭示政策变化、消费方式和土地利用等人类活动对生态系统服务功能维持与保育的响应，以提出水生态系统服务功能保育、可持续利用和生态安全的管理策略（黄晓霞等，2012）。

3. 水生态功能区划与我国其他类型相关区划的区别和联系

1）区别

水生态功能分区就是基于水生态系统的区域差异，以河流内不同尺度的水生态系统及其影响因素为研究对象，其是河流水质目标管理的空间单元，是确定河流水环境基准、标准和总量控制及评价的基础，也是实现河流水环境"分区、分类、分级、分期"管理目标的基础。它作为一种为水体生态管理服务的空间单元划分方法，与中国现行的水功能区划、水环境功能区划方法都有所区别（高俊峰等，2019；胡开明等，2019）。水生态区划的目标是反映水生态系统的区域差异，而水功能区划与水环境区划是针对水体进行划分，确定资源管理和污染防治的单元，因此三者在形式和内容上都有较大差异。作为现行的管理单元，水功能区和水环境功能区虽然具有不可替代的作用，但还难以从根本上认识到水生态系统破坏的形成原因与机制，无法满足未来水管理的需求。随着非点源污染控制要求的提高，在实施陆域与水域的统一管理方面，水功能区划与水环境功能区划的不足之处暴露得更加明显。中国水管理正处在从资源管理、污染控制向生态管理的转变过程中，水资源的利用与保护都要考虑水生态系统的基本要求，而水生态系统具有区域性和层次性，以水生态区划为基础的管理技术体系的建立为我国水生态管理的成功实施提供了强有力的技术支撑。

2）联系

水生态功能区虽然与水功能区和水环境功能区有所区别，但它们之间又存在着密切的联系，三种区划在水环境管理中具有不同的作用和地位。水生态功能区是水功能和水环境功能区划的基础，为水体生态特征识别、生态功能的确定提供了依据。在我国的功能区划中，水体的资源功能受到人们的广泛重视，而河流、湖库等水体的生态功能受到了一定的忽视，造成功能区划有所不足，而水生态区划刚好可以弥补这一不足。先通过水生态区划和水功能区划识别和确定水体的资源功能和生态功能，再由水环境功能区划制定出相应的保护目标。三者相互支撑助力水生态环境保护，水生态区划不仅突出了水体的生态特征差异，还体现了水体的资源功能与生态功能的协调，为水功能区划和水环境区划保护目标的确定提供了科学基础（孟伟等，2007）。

水生态区划方案的提出和实现，是中国水环境保护与管理方面的一个跳跃式进步，为充分了解水生态系统特征及其与人类活动的内在关系和实施区域性水资源与水环境的保护与管理提供了因地制宜式的科学理论依据。

## 2.1.3 次级河流和湖库水环境特征

重庆市内河流纵横，长江自西南向东北横贯市境，北有嘉陵江，南有乌江汇入，形成向心的、不对称的网状水系。市内流域面积大于 50 km² 的河流有 510 条,其中流域面积大于 1000 km² 的河流有 42 条。次级河流通常是主要河流的支流,水流速度较慢,与主要的河流网络相互连接,通过沉积物和水的运输来滋养生态系统。湖泊是停滞或缓流的水充填大陆凹地而形成的水体。水库是利用河流山谷、平原洼地和地下岩层空隙形成的储水体的统称,包括山谷水库、平原水库和地下水库。次级河流和湖库是重庆市河网中的重要组成部分,对水文循环、物质和能量流动及生态系统健康起着至关重要的作用。

### 1. 次级河流特征

从水文方面看,次级河流具有显著的河岸溢洪和地下水补给特征,与水体输送、水文动态密切相关。在河流沿程上,次级河流呈现周期性变化和不规则波动,与气候、地貌、土壤等自然环境因素密切相关。以重庆为例,山地河流具有坡降大、断面相对狭窄、流速快、汇流历时短、变幅大且季节性明显等主要水文特征。河道形态蜿蜒多变,整个流程上河流宽窄深浅不一,河槽不规则。河流断面形态上往往呈现"V"字形或不完整"U"字形,两岸坡度陡峭。

从物质方面看,次级河流中含有多种物质,其输送路径及含量对该河流系统的水质、生态环境和社会经济等至关重要。山地城镇地势起伏大,河流水体中物质含量随季节而变化较大。丰水期,径流量大,污染浓度低但悬浮物较多;而枯水期则径流量少,污染浓度相对较高。河流内污染浓度较高时,会导致水生生物种类和数量减少,影响河流的生态稳定性。

从功能方面看,次级河流是山区生态系统的核心组成部分,有助于维持生态平衡,降低风险损失,支撑协调经济发展(张华,2019)。山地城镇具备山、城、水良好的景观生态格局,河流在承担重要景观功能的同时还具有重要的生态和社会功能。在生态方面,山地河流具有净化环境、收纳废物、降解和更新作用,对维护生物多样性、改善气候和防洪泄洪有着重要作用;在社会文化方面,山地河流还可以作为景观娱乐、旅游休闲、文化教育等活动的载体。

### 2. 湖库特征

从水文方面看,山地城镇的湖库具有汇水面积小、水深、湾多、水动力差、水体交换时间长等特点。湖泊四周紧邻陆地,常有众多的河流注入,不仅有大量碎屑物质倾入湖盆,而且河道在湖底可以继续延伸,从而改变沙体的分布状况。因此,对有些湖库来说,河流的影响往往超过湖浪和湖岸的作用。人类生活、活动基本沿河/湖分布,面源污染裹挟的污染物负荷大。

从物质方面看,山体的阻隔使得湖库水动力条件缺乏,湖湾区域水体呈现富营养化状态,导致藻类聚集生长,进而污染湖库水生态系统。此外,随着经济化和城镇化的发展,人类活动对湖库水生态系统的影响不容忽视。溢流污染情况严重,污染物直接排入湖库,而面源污染控制却不足,污染物未经过预处理就进入湖库,这些都给湖库生态保护造成了巨大压力。另外,一些地区市政设施建设、管理及维护不佳,对水生态环境健康也会产生不利影响。

从功能方面看，湖库水体参与自然水循环，能够吸纳、调节和储存河流水量，促进河流内水量平衡，因此，湖库是现代防洪工程体系的重要组成部分。湖库还能提供动植物栖息地以及调节局部气候，并支持多种水生经济动植物的生长繁殖。从社会角度看，湖库也是必不可少的水源，能满足人类生产和生活需求，如交通运输和水产品养殖等。

### 2.1.4　河流和湖库生态系统服务功能

生态系统是地球支持系统，其服务功能在于生态系统与生态过程形成及所维持的人们赖以生存的自然环境条件与效用（欧阳志云等，1999；蔡晓明，2000）。近年来，世界各国都加强了对生态系统服务功能的研究，人们对生态系统服务功能是人类生存和发展的基础这一认知也逐步加强。河流与湖库作为生态系统的重要组成部分，不仅可以提供部分生产生活的物质基础和商业、交通、休闲娱乐等服务功能，还可以为生物圈的物质循环提供通道，助力营养盐及污染物的迁移和降解（Karr and Chu，2000）。

在过去几十年中，人类活动对河流和湖库生态系统造成了巨大的干扰和损害。特别是随着工业产业的快速发展，人类对水资源的需求急速增长造成很多河流因用水过度而断流或枯竭。此外，大量污染物的排入和森林及河岸植被的乱砍滥伐严重影响了河流和湖库水生态环境状况，其生态结构和功能都受到极大的破坏（庞治国等，2006）。因此，为改善目前水生态环境的状况，需要加强对河流和湖库生态系统服务功能的正确认识，分析人类活动对它们的影响机制和路径，维持它们的生态系统服务功能，促进人与自然和谐共生、经济社会和水生态环境保护的可持续发展。

1. 生态系统服务功能的研究

1）生态系统服务功能的内涵

生态系统与生态过程所形成及所维持的人类赖以生存的自然环境条件与效用称为生态系统服务功能，它为人类提供了众多生产生活原料，还创造与维持了地球生命支持系统，形成人类生存所必需的环境条件。生态系统服务功能的内涵包括有机质的合成与生产、生物多样性的产生与维持、调节气候、营养物质储存与循环、土壤肥力的更新与维持、环境净化与有害有毒物质的降解、植物花粉的传播与种子的扩散、有害生物的控制、减轻自然灾害等方面。

2）生态系统服务功能的发展情况

1997 年美国生态学会 Daily 研究小组将生态系统服务功能定义为自然生态系统及其物种所能提供的以满足人类生活需要的条件和过程，并开展了系统的研究。同年，Costanza等（1997）将生态系统提供的产品和服务统称为生态系统服务，将全球生物圈分为 16 个生态系统类型，包含 17 种服务功能，并探究了生态系统服务与生态系统功能之间的关系。之后国内外学者对生态系统服务从不同的尺度、不同的生态系统类型开展了大量研究。2005 年的千年生态系统评估（millennium ecosystem assessment，MA）报告中将生态系统服务功能定义为"人类从生态系统中获得的效益"，这些效益包括供给功能、调节功能、支持功能和文化功能。MA 的实施推动了全球范围内生态学的发展，助力了生态系统管理工作的完善，成为生态学发展历史上一个新的里程碑。

河流与湖库生态系统作为地表淡水生态系统的主要组成部分，不仅为水生生物和陆地生物提供不同的生境，也为人类的生存和发展提供重要的服务功能，包括了供应人类生产生活的生态系统产品和维持人类赖以生存与发展的自然条件的生态系统服务。

3）生态系统服务功能的分类

研究河流生态系统服务功能，首先应该明确河流生态系统具有哪些服务功能，所以合理的分类是对河流生态系统服务功能进行评估的基础。目前对生态系统服务功能的分类方法主要包括：

（1）Costanza 将生态系统的服务功能归纳为 17 类，并采取货币形式对 10 种不同生物群区进行了价值测算，并根据生物群区的总面积推算出所有生物群区的总服务价值。

分类方法如表 2-1 所示。

表 2-1　Costanza 分类方法简表

| 生态服务 | 生态功能举例 |
| --- | --- |
| 气体调节 | 大气化学成分的调节，如 $CO_2/O_2$ 平衡、氮氧化物吸收等，减少温室效应 |
| 气候调节 | 温室气体调节，海洋的二甲基硫（dimethyl sulfide，DMS）影响云层的形成等 |
| 干扰调节 | 对环境波动的响应，如洪水控制等 |
| 水调节 | 水文调节以及提供水资源等 |
| 水供应 | 通过集水区等水资源储存和维持 |
| 水土保持 | 防止土壤水蚀、风蚀，淤泥沉积储存等 |
| 土壤形成 | 土壤有机质形成等 |
| 营养循环 | 如氮固定和其他营养物质循环等 |
| 废物处理 | 通过分解等功能污染控制、脱毒等 |
| 授粉 | 为植物提供授粉者以保障种群繁衍 |
| 生物控制 | 通过捕食和被捕食维持平衡 |
| 栖息、避难所 | 为候鸟等生物提供栖息地和避难所 |
| 食物生产 | 提供鱼类、水果、猎物等 |
| 提供原材料 | 如木材、薪柴等 |
| 遗传资源 | 如医药、花卉植物等 |
| 娱乐 | 生态旅游、垂钓等户外活动 |
| 文化 | 美学、教育、科学等 |

（2）de Groot 等基于生态服务与人类福祉的关系，将生态服务分为调节功能、生境功能、生产功能和信息功能四大类。

分类方法见表 2-2。

表 2-2　基于 de Groot 等提出方案的分类方法

| 人类需求 | 生态系统服务 |
| --- | --- |
| 调节功能 | 大气调节、气候调节、干扰控制、水调节、土壤保持、土壤形成、养分调节、废物处理、传粉生物控制 |
| 生境功能 | 生境地保存、繁殖地保护 |
| 生产功能 | 食物、原材料、基因资源、医药品、装饰资源 |
| 信息功能 | 美学信息、消遣娱乐、文化艺术、精神历史、科学教育 |

（3）千年生态系统评估（MA）报告在补充和归纳 Costanza 的 17 种服务分类的基础上，将生态系统服务分为提供产品、调节功能、支持功能和文化功能四大类。

具体分类方法如表 2-3 所示。

表 2-3　基于 MA 的分类方法

| 分类 | 功能 |
| --- | --- |
| 提供产品 | 淡水资源、水力发电、内陆航运、水产品生产、基因资源 |
| 调节功能 | 水文调节、河流输送、侵蚀控制、水质净化、空气净化、区域气候调节 |
| 支持功能 | 土壤形成与保持、光合产氧、氮循环、水循环、初级生产力、提供生境 |
| 文化功能 | 文化多样性、教育价值、美学价值、文化遗产价值、娱乐和生态旅游价值 |

（4）张彪等（2010）基于人类的需求将生态系统服务分为物质、安全和精神需求三大类，其中，物质需求是指生态系统提供的物质产品生产服务，包括生产、生活资料两项；安全需求是指生态系统提供的生态安全保障服务，包括大气、水、土壤以及生物安全四项；精神需求是指生态系统因其独特的组成或结构提供的景观文化承载服务，可细分为美学景观、文化艺术和知识意识三项（表 2-4）。

表 2-4　基于人类需求的生态系统服务分类方法

| 人类需求 | 生态系统服务 |
| --- | --- |
| 物质需求 | 物质产品生产服务 |
| 生活资料 | 生活资料生产服务：生产供给粮食、果品、木材、薪柴等生活资料 |
| 生产资料 | 生产资料生产服务：生产供给橡胶、纤维、树脂、颜料等生产资料 |
| 安全需求 | 生态安全保障服务 |
| 大气安全 | 气候调节，生态系统在局地尺度影响气温和降水；在全球尺度吸收或排放温室气体调节气候；提供了适宜人类生存的气候环境；大气调节，生态系统向大气环境中释放或吸收化学物质；提供了清洁的空气 |
| 水安全 | 水文调节，生态系统截留、吸收和储存降水；调节径流，减少了洪灾旱灾；水质净化，生态系统滤除、分解降水中的化学物质，提供了洁净的水资源 |
| 土壤安全 | 土壤保持，生态系统固持土壤、减缓侵蚀，避免了土地废弃和泥沙滞留淤积；土壤培育，生态系统截留、分解有机物提供了肥沃的土地资源 |
| 生物安全 | 物种保护，生态系统提供生物栖息生活环境，保存了生物多样性 |
| 精神需求 | 景观文化承载服务 |
| 美学景观 | 景观游憩，提供了生态系统有关的美学和消遣的机会 |
| 文化艺术 | 精神历史，寄托生态系统有关的精神与文化，如灵感、宗教、故土情结 |
| 知识意识 | 科研教育，提供观测、研究和认识生态系统的机会，如作为科研教育对象 |

前三种分类方法是依据生态系统的组成、结构以及生态过程所进行的生态属性分类，张彪等（2010）的分类方法主要是从人类的实际需求角度出发，从物质、安全、精神需求三个层面分析生态系统受人类需求变化的影响。

2007 年 Wallance 认为大多数研究没有理清生态系统过程和生态系统服务之间的关系而对生态系统服务分类提出了质疑，进而提出需要一个统一的分类方法，以便对潜在利益和风险进行权衡的观点。而 Costanza 则认为需求的不同会导致分类系统的不同，不需要统一的分类方法。研究河流生态系统服务功能，首先应该明确河流生态系统具有哪些服务功能，所以合理的分类是对河流生态系统服务功能进行评估的基础。欧阳志云等（2004）以 MA 为基础对河流生态系统评估的分类方法进行了优化；李芬等（2010）以人类活动对生态系统服务的占用量和胁迫响应为考量，以水当量为重要指标对河流生态系统服务功能进行了评价。上述方法都是结合前人对生态系统服务的分类，基于河流提供生态服务的机制、类型和效用来进行分类。但是，一种生态组分或过程往往对应多种生态服务，或者一种生态服务对应多个组分或过程，因此划分起来相当复杂，容易造成重复。针对这一问题 2009 年美国国家环境保护局提出了河流生态系统的服务指标，这一指标概念的提出对生态系统服务指标进行了重要增加和补充（郝弟等，2012；Ringold et al.，2013）。

2. 生态系统服务功能的价值构成及评价方法

1）河流与湖库生态系统服务功能的价值构成

生态经济学、环境经济学和资源经济学对环境资源经济价值及其评估方法的研究为生态系统服务功能的价值构成及其评估方法的研究提供了良好的理论基础。Pearce 认为环境资源的总经济价值由利用价值（直接利用价值和间接利用价值）、存在价值和选择价值三个部分组成。Mcneely 等开展了有关自然资本与生态系统服务价值分类的理论研究；联合国环境规划署（UN Environment Programme，UNEP）、经济合作与发展组织等机构对环境资产经济价值的分类情况如下。

（1）按照环境资产形态分为自然资源和生态资源。

自然资源：是指由自然界长期积累自然形成的人类生存的物质基础，包括土地、森林、水域、矿藏、草原，等等。自然资源还可分为人造自然资源和非人造自然资源。

生态资源：是指独特的生态系统、独特的地形地貌、野生生物群、优美的自然风景等，以保持原状的形式进入人类生产消费领域。生态资源只有不被破坏，才有效用价值。

（2）按照环境资产可再生性分为可再生资源和不可再生资源。

可再生资源：是指能够依靠自然现象或人类的经济活动不断再生的资源，如太阳能、风能、人造森林，等等。

不可再生资源：指在短时间内，不论通过何种活动都不能增加其储量的资源，且会随着开发利用而不断减少，如矿物资源、化石能源等。

（3）按照环境资产的经济学意义分为自由取用资源和经济资源。

自由取用资源：是指数量非常丰富，任何可能的使用者都可以无偿使用的资源，如未开垦的土地、新鲜的空气、清洁的水源。

经济资源：指具有稀缺性，使用者必须付出一定代价才能使用的资源，如矿物资源、化石能源等。环境资源的过度开采，使自由取用资源逐渐向经济资源转化，其数量越来越少。

2008 年世界资源研究所将生态系统服务功能的价值划分为直接使用价值、间接使用价值和非使用价值三类，以此为基础来开展价值评估工作。而赵士洞和张永民（2004）以功利观念为出发点，把生态系统服务价值分为直接利用价值、间接利用价值、选择价值和存在价值四类。目前，调蓄洪涝、土壤保持、污染物降解、输沙、水电开发和航运等功能是河流与湖库生态系统的主要服务价值，其景观娱乐、文化教育功能也在逐步被开发和研究，但对气候调节、营养循环、栖息地与生物多样性维持等缺乏进一步的关注。

2）评价方法

目前的评价方法大多基于基础数据、生态学原理、经济学和社会学方法来开展生态系统服务价值评估，并通过货币价值量来进行定量分析，将生态经济学理论作为价值定量的核心，将市场价值理论作为生态系统服务价值评估研究的基础。生态系统服务价值评估具有可加性，能直观反映生态系统服务价值的大小，在国内外研究中得到广泛应用。

作为应用最早的传统生态经济学方法和目前所有生态系统服务价值评估方法的定价基础，基于统计学和市场价值理论开展的生态系统服务价值评估方法也得到了广泛的应用。根据生态经济学、环境经济学和资源经济学的研究成果，目前较为常用的定价方法可分为三类：实际市场法、替代市场法、假想市场法（陈志良，2009；Chen，2020）。实际市场法又被称为直接市场法，是指具有实际市场，经济价值以市场价格来体现的方法，包括费用支出法和市场价值法。替代市场法，是指没有实际市场和市场价格，主要以估算的方式来间接获取经济价值的方法，包括机会成本法、替代成本法、恢复和防护费用法、影子工程法等（李想等，2021；郑慧娟等，2021）。假想市场法又称为模拟市场价值法，是指不存在实际市场和市场价格，通过虚拟市场来评估经济价值的方法，包括条件价值法和意愿选择法等。

本章将河流生态系统服务功能划分为河流生态系统产品和河流生态系统服务两大类和 15 个子项（图 2-3）。通过直接市场法核算河流生态系统产品的经济价值，通过替代市场法或模拟市场法核算河流生态系统服务的经济价值。

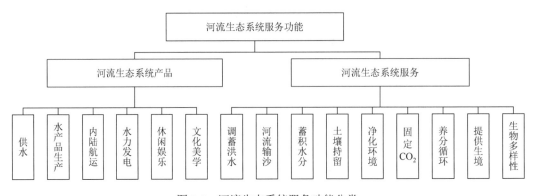

图 2-3　河流生态系统服务功能分类

根据目前研究的实际情况和基础数据资料的收集情况，对河流生态系统产品中的供水、水产品生产、内陆航运、水力发电、休闲文化功能和河流生态系统服务中的调蓄洪水、河流输沙、蓄积水分、净化环境功能共 9 项功能进行了评价（李文华，2002）。

（1）供水功能。河流和湖泊是淡水储存和保持的重要场所，为人类和其他动物提供饮用水，为植物生长发育和繁殖提供代谢用水，为农业灌溉用水、工业用水以及城市生态环境用水等提供保障（栾建国和陈文祥，2004）。

根据《2020 中国统计年鉴》中的数据，2020 年全国总供水量为 5812.9 亿 $m^3$，其中地表水供水 4792.3 亿 $m^3$，占总供水量的 82.44%，由河流和湖库生态系统提供。供水中有 33% 用于生活和工业用水，67% 用于农业生产及其他用水。

运用市场价值法计算供水功能的经济价值，计算公式如下：

$$V_w = u_w u_w^1 Q_w P_w^1 + u_w u_w^2 Q_w P_w^2 \tag{2-1}$$

式中，$V_w$ 为供水功能的经济价值；$Q_w$ 为全国总供水量；$u_w$ 为地表水供给占总供水量的比例；$u_w^1$ 为生活和工业用水占全国总供水量的比例；$u_w^2$ 为农业生产及其他用水占全国总供水量的比例；$P_w^1$ 为生活和工业用水的市场价格；$P_w^2$ 为农业生产及其他用水的市场价格。

（2）水产品生产功能。河流水生态系统中生活着丰富的水生植物和水生动物，包括各类人类生活必需品和原材料以及畜牧业和养殖业的饲料，如水稻、芦苇等，还包括优质的碳水化合物和蛋白质，如鱼、虾、贝、蟹等（张进标，2007）。

根据《2020 中国统计年鉴》中的数据，2020 年全国淡水产品产量为 3234.6 万 t，其中人工养殖的淡水产品产量为 3088.9 万 t，天然生产的淡水产品总产量为 145.8 万 t。

运用市场价值法计算水产品生产的经济价值，具体计算公式如下：

$$V_c = Q_c P_c \tag{2-2}$$

式中，$V_c$ 为水产品生产的经济价值；$Q_c$ 为全国淡水产品的产量；$P_c$ 为淡水产品的市场价格。

（3）内陆航运功能。水路运输具有陆路运输不可替代的优点：不占用耕地，不会大量破坏生态环境，不用花费大量资金搭桥铺路，只需利用河川的自然特点，其成本较低且运输量大，对建立和完善现代综合运输体系具有重要作用。

根据《2021 年公路水路交通运输行业发展统计公报》（中华人民共和国交通运输部综合规划司，2022）和《2020 中国统计年鉴》（中华人民共和国国家统计局，2021）中的数据，2020 年全国内陆航运货物周转量为 218181.32 亿 t·km，旅客周转量为 19758.15 亿人·km。

运用市场价值法计算内陆航运的经济价值，具体计算公式如下：

$$V_n = Q_n^1 P_n^1 + Q_n^2 P_n^2 \tag{2-3}$$

式中，$V_n$ 为全国内陆航运的经济价值；$Q_n^1$ 为全国内陆航运的货物周转量；$Q_n^2$ 为全国内陆航运的旅客周转量；$P_n^1$ 为货物水运的单位价值；$P_n^2$ 为旅客水运的单位价值。

（4）水力发电功能。水力发电是将位于高处具有势能的水流至低处，将其中的势能转换成水轮机的动能，再借助水轮机动能推动发电机产生电能；或者利用水力推动水力机械转动，将水能转变为机械能，然后通过发电机将机械能转变为电能。

根据《2021 中国电力年鉴》（中国电力年鉴编辑委员会，2022）中的数据，2020 年全国水力发电量为 12140.3 亿 kW·h。

运用市场价值法计算水力发电的经济价值，具体计算公式如下：

$$V_e = Q_e P_e \qquad (2-4)$$

式中，$V_e$ 为全国水力发电的经济价值；$Q_e$ 为全国水力发电量；$P_e$ 为水电的市场价格。

（5）休闲文化功能。河流和湖库还具有强大的旅游服务功能，如东湖、西湖、北戴河、长江、松花江旅游等。作为一种独特的地理单元和生存环境，河流和湖库对形成独特的传统和文化也有一定的影响，如黄河的母亲河文化，关于江河湖泊的诗词歌赋等。

运用市场价值法计算休闲文化的经济价值，具体计算公式如下：

$$V_t = C I_t \qquad (2-5)$$

式中，$V_t$ 为休闲文化功能的经济价值；$C$ 为旅游总收入；$I_t$ 为水生态景点数占旅游总景点数的比例。

（6）调蓄洪水功能。河道和湖库是水的天然容器，而水库实际上是"人工湖库"，有着与湖库基本相同的特征。湖库（水库）能够将过量的水分储存起来并缓慢释放，从而将水分在时间和空间上进行再分配，避免和减少洪水灾害（鞠美庭等，2009）。

根据《2020 年全国水利发展统计公报》（中华人民共和国水利部，2021a）中的数据，2020 年全国已累计建成各类水库 98566 座，水库总库容 9306 亿 m³，已建成江河堤防 32.8 万 km，保护人口 6.5 亿人，保护耕地 0.42 亿 hm²。

运用机会成本法计算调蓄洪水的经济价值，利用其保护耕地而避免产生的综合农业损失来进行计算，具体计算公式如下：

$$V_f = S_f P_f \qquad (2-6)$$

式中，$V_f$ 为调蓄洪水的经济价值；$S_f$ 为保护耕地避免受损的面积；$P_f$ 为单位平均综合农业受灾损失值。

（7）河流输沙功能。作为沟通陆地生态系统和海洋生态系统的重要通道，河流对海陆生态系统间的物质、能量和信息交换有着重要的作用。泥沙输运是河流重要的水文现象之一，按输移特性分为推移质和悬移质，河流输沙主要以悬移质的方式进行。

根据《2020 年中国河流泥沙公报》（中华人民共和国水利部，2021b）的数据计算了我国主要河流（湖泊）多年输沙量的平均值，如表 2-5 所示。

**表 2-5 我国主要河流多年平均输沙量**

| 河流湖泊 | 水文站 | 多年平均输沙量/亿 t |
| --- | --- | --- |
| 长江 | 大通 | 35100 |
| 黄河 | 潼关 | 92100 |
| 淮河 | 蚌埠＋临沂 | 997 |
| 海河 | 石匣里＋响水堡＋滦县＋下会＋张家坟＋阜平＋小觉＋观台＋元村集 | 3770 |
| 珠江 | 高要＋石角＋博罗＋潮安＋龙塘 | 6980 |
| 松花江 | 佳木斯 | 1260 |
| 辽河 | 铁岭＋新民＋邢家窝棚＋唐马寨 | 1490 |
| 钱塘江 | 兰溪＋诸暨＋上虞东山 | 275 |

续表

| 河流湖泊 | 水文站 | 多年平均输沙量/亿 t |
|---|---|---|
| 闽江 | 竹岐＋永泰（清水壑） | 576 |
| 塔里木河 | 阿拉尔＋焉耆 | 2050 |
| 黑河 | 莺落峡 | 193 |
| 疏勒河 | 昌马堡＋党城湾 | 421 |
| 青海湖 | 布哈河口＋刚察 | 49.9 |
| 合计 |  | 145261.9 |

运用机会成本法计算，河流输沙功能的经济价值用输送的泥沙造地收益计算，具体计算公式如下：

$$V_s = P_s[(Q_s / q_s) / d_s] \tag{2-7}$$

式中，$V_s$ 为河流输沙的经济价值；$Q_s$ 为河流平均每年输送的泥沙量；$P_s$ 为全国土地的单位产值；$q_s$ 为土壤密度；$d_s$ 为土壤表土平均厚度。

（8）蓄积水分功能。河流生态系统具有储存和保持水向集水区、水库、含水岩层等供水的功能。该项功能的年单位价值为 17522.41 元/hm$^2$，我国河流生态系统水面（湖库）的面积为 7.8 万 km$^2$。

运用价值转移法计算蓄积水分功能的经济价值，计算公式如下：

$$V_{rs} = P_{rs}S_{rs} \tag{2-8}$$

式中，$V_{rs}$ 为蓄积水分功能的经济价值；$P_{rs}$ 为蓄积水分功能的年单位价值；$S_{rs}$ 为我国河流生态系统水面的面积。

（9）净化环境功能。用水力发电代替燃煤的火力发电，可以减少 $CO_2$ 和 $SO_2$ 等有害气体的排放。河流生态系统净化环境功能评价可以用减少 $CO_2$ 和 $SO_2$ 的成本计算。

运用影子工程法（造林成本法）计算水力发电减少有害气体 $CO_2$ 排放的经济价值，具体计算公式如下：

$$V_{cd} = Q_{cd}P_{cd} \tag{2-9}$$

式中，$V_{cd}$ 为由水力发电代替火力发电而减少温室气体 $CO_2$ 排放的经济价值；$Q_{cd}$ 为由水力发电代替火力发电而减少 $CO_2$ 的排放量；$P_{cd}$ 为造林成本。

运用恢复费用法计算水力发电减少有害气体 $SO_2$ 排放的经济价值，具体计算公式如下：

$$V_{sd} = Q_{sd}P_{sd} \tag{2-10}$$

式中，$V_{sd}$ 为由水力发电代替火力发电而减少有害气体 $SO_2$ 排放的经济价值；$Q_{sd}$ 为由水力发电代替火力发电而减少有害气体 $SO_2$ 的排放量；$P_{sd}$ 为治理 $SO_2$ 的单位价值。

## 2.2　山地城镇河流和湖库水体污染机理及过程

河流和湖库水体是山地城镇生命体的重要组成部分，是山地城镇生态基础与立市之本，其功能往往可以定位为山地城镇的血液或物质循环体系。在开展山地城镇河流和湖库污染治理与生态健康修复之前，深刻把握山地城镇河流和湖库水体污染机理与过程，对正确拟定治理理念、准确提出适用对策、科学制定方案显然是不可或缺的。

本节着重介绍山地城镇河流和湖库水体中存在的各种自然胶体、主要反应机理与过程，同时分别对自然胶体、有机化合物、重金属与营养盐三大类污染物的迁移转化过程与污染机理开展讨论。

## 2.2.1 山地城镇河流和湖库自然胶体及主要反应

城镇河流与湖库环境中存在多种多样的自然胶体，其对水体中的营养盐、有机化合物与重金属等污染物在环境中迁移转化有极为重要的影响，众多研究表明，河流底泥（包括悬浮物）中的自然胶体数量大、种类多，是河流中最主要的自然胶体，也是水环境中固-液两相反应的主要场所。

### 1. 河流底泥对河流水质的影响

河流底泥通常是泥沙、黏土、有机质及各种泥土固态的混合物，经过长时间物理沉降、吸附、化学反应等作用形成底泥沉积于河流底部。根据河流底泥中的污染物含量和类型，大致可分为含重金属污染及有机污染有毒有害底泥和高氮、磷污染底泥两大类。

#### 1）含重金属污染及有机污染有毒有害底泥

重金属是比重大于 5 的一类金属元素，包括 Cr、Hg、Cb、Zn、Pb、Cu 和毒性较为显著的类金属 As、Se 等元素，有 50 多种。根据毒性通常将 Pb、Cr、Cb、Hg、As 称为"五毒"重金属元素（童敏，2014）。

#### 2）高氮、磷污染底泥

河流水体系统中营养元素形成一个进入、储存、转移、交换的过程，其中，河流的底泥在这个过程中起到了储存、转移的作用。而在水体的研究过程中大多把底泥中的氮、磷两种元素作为研究对象来研究水体富营养化的问题。

长期研究发现，水体富营养化的发生主要是水体中"超负荷"的氮、磷等营养元素引起河流水生态系统循环出现问题，使水体以及底泥的生态系统无法消耗进入系统中的多余营养物质。无法消耗的营养物质经过物理、化学、生化等一系列反应，大部分沉到河流底部，在环境条件改变下，底泥中的污染物会重新释放出来成为二次污染源。因此，河流底泥是富营养化的重要内源（周扬屏，2008）。

### 2. 河流与湖库底泥中的自然胶体

河流湖库底泥（沉积物）在各类污染物迁移转化以及形态分布中发挥重要作用的根本原因在于，它包含着大量的各种各样的自然胶体，而这些胶体又各具自己独特的组成、晶体结构与表面性质。因此，了解底泥中各种胶体的矿物组成、化学组分具有十分重要的意义。

众多环境学家在研究中发现，河流底泥中以细颗粒存在的自然胶体（即黏土矿物、有机质、活性金属水合氧化物和二氧化硅）在各类污染物迁移转化中发挥着极为重要的作用。

河流湖库底泥中自然胶体大致可分为三大类：①无机胶体，包括各种次生黏土矿物与水合氧化物；②有机胶体，包括胡敏酸、富里酸与胡敏素以及非腐殖质化有机质；③有机-无机胶体复合体。

1）河流湖库底泥中的黏土矿物

黏土矿物广泛分布于天然土壤和沉积物中，由于其比表面积大、孔隙多、极性强，是一类具备优良的表面吸附和离子交换性能的非金属矿藏资源，常应用于重金属污染、有机污染及水体富营养化等领域，其去污性强、环境友好、成本低廉，改性处理后其去污性能能够得到进一步的提升（Meis et al.，2013；Yin and Ming，2015；Copetti et al.，2016）。由于黏土矿物种类和组成繁杂，本节简述黏土矿物的主要类型及其理化特性。

黏土矿物是天然产出的具有无序过渡结构的微粒质点（<2μm）的晶质硅酸盐矿物和非晶质硅酸盐矿物的总称，其成因主要有三种：①经土壤风化和淋滤作用形成；②经成岩和沉积作用形成；③经交代与充填作用形成，上述各种成因的黏土矿物在我国均有分布（Massaro et al.，2022）。根据结晶学特征可将黏土矿物分为硅酸盐黏土矿物和非硅酸盐黏土矿物。

（1）硅酸盐黏土矿物。硅酸盐矿物的基本结构单元是硅氧四面体和铝（镁）氧（氢氧）八面体。硅氧四面体由 1 个硅离子（$Si^{4+}$）和 4 个氧离子（$O^{2-}$）构成，进而聚合形成带负电荷的硅片，表示为 $n(Si_4O_{10})^{4-}$；铝氧八面体的基本结构是由一个铝离子（$Al^{3+}$）和 6 个氧离子或氢氧离子构成，各自聚合为带负电荷的铝片，表示为 $n(Al_4O_{12})^{12-}$（Ermilova et al.，2020）。硅片与铝片的结合可以是 2∶1 型或 1∶1 型。除坡缕石、海泡石等为层链状外，其他硅酸盐黏土矿物均为层状结构，一部分可交换的无机阳离子分布在层间，一部分氧原子电子暴露在晶体表面。这种分子结构及不规则的晶体缺陷，使其对水体中的污染物具有良好的吸附性能。2∶1 型硅酸盐黏土通常存在同晶置换，这是 1∶1 型所不具有的，该特性使其一般带有永久负电荷，具有较高的阳离子交换容量。常见的矿物有蒙脱石、坡缕石、蛭石和累托石等，其中，蒙脱石和坡缕石常用于富营养化水体中磷的净化。

（2）非硅酸盐黏土矿物。非硅酸盐黏土矿物是一类在矿物结构和化学成分上与硅酸盐黏土矿物存在显著差异的黏土矿物，主要包括铁、铝、锰的氧化物，其结构有结晶质状态和非晶质状态。这类黏土矿物通过质子化和表面羟基的离解产生正、负电荷，且表面活性官能团多，对磷的吸持和迁移有着特殊的作用。非硅酸盐黏土矿物的主要代表为氧化铁矿物和氧化铝矿物。

2）有机质

河流与湖库底泥中存在的有机质是自然胶体中极为重要的一部分，是重金属与有机化合物等污染物质吸附、分配、络合等作用的活性物质。

大部分情况下，腐殖质在底泥有机质中的占比较高，为 70%~80%，腐殖质是有机物（动植物残体）经微生物分解转化形成的胶体物质，一般为黑色或暗棕色。除腐殖质以外的有机质构成主要是蛋白质、多糖、脂肪酸和烷烃等，如图 2-4 所示。

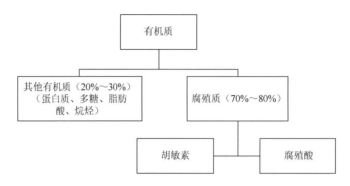

图 2-4 沉积物（底泥）有机质分类图

在河流与湖库底泥中，腐殖质对元素的迁移主要表现为有机胶体对金属离子的表面吸附和离子交换吸附作用，以及腐殖酸对元素的整合作用与络合作用。在腐殖质丰富的环境中，Cu、Pb、Zn、Fe、Mn、T、Ni 等元素可被有机胶体吸附，并随水大量迁移。腐殖质与 Fe、Al、Ti、U、V 等重金属形成络合物，较易溶于中性、弱酸性和弱碱性介质中，并以络合物形式迁移；在腐殖质缺乏时，它们便形成难溶物而沉淀。

腐殖质可分为胡敏素、胡敏酸和富里酸，后二者合称腐殖酸。腐殖质主要由 C、H、O、N、S 等元素组成，还有少量的 Ca、Mg、Fe、Si 等元素。各种腐殖质的元素组成不完全相同。国际上，一般腐殖质含 C 55%～60%，平均为 58%；含 N 3%～6%，平均为 5.6%；其 C∶N 为 10∶1～12∶1。胡敏酸（humic acid，HA）和胡敏素（humin，HM）的元素含量范围大致相同，HA 的 C、N 含量高于富里酸（fulvic acid，FA），而 O、S 含量低于 FA。HA 的 C∶H 高于 FA，即说明 HA 的缩合度较高，氧化程度低于 FA，分子结构较 FA 更复杂。

腐殖质整体呈黑褐色，但不同腐殖物质的颜色因不同组分的分子质量大小或发色基团（如共轭双键、芳香环、酚基等）组成比例的不同而不同，其颜色有深浅之别。FA 的颜色较淡，呈黄色至棕红色；而 HA 的颜色较深，为棕黑色至黑色；吉马多美朗酸的颜色比 HA 浅，一般为巧克力棕色。腐殖质的光密度与其分子质量大小和分子的芳构化程度大体呈正相关。

HA 不溶于水，呈酸性，它与 K、Na 等离子形成的一价盐溶于水，而与 Ca、Mg、Fe、Al 等的多价盐基离子形成的盐类溶解度相当低。HA 及其盐类在环境条件发生变化时，能与金属离子、氧化物、氢氧化物、矿物和有机物，包括有毒的有机物发生作用，成为不溶于水的、较稳定的黑色物质。

3）河流与湖库底泥中的水合氧化物

河流底泥中的水合氧化物是底泥中除黏土矿物以外的一类重要无机自然胶体，它们在污染物迁移转化中也发挥着重要作用，这一类胶体最重要的代表是铝、锰、铁以及硅等的水合氧化物。

调查结果表明，受流域土壤中 Fe、Mn 等金属含量的影响，底泥中的水合氧化物以铁的水合氧化物为主，其次是铝和锰的水合氧化物。铁、锰、铝的氧化物和氢氧化物是环境中十分重要的自然胶体之一，它们在污染物迁移过程中有着十分明显的意义和作用，它们对重金属有很高的吸附能力，其氧化还原作用对其他元素的环境行为还有着特殊的控制作用（姬泓巍等，1999）。

4）二氧化硅

硅化合物在自然界广泛存在，元素硅作为仅次于氧的第二丰富元素，在地壳中的含量约占地壳总重量的 25.7%。硅和氧有强烈的亲和力，因此在自然界中主要以硅的氧化物和硅酸盐的形式存在，没有游离态的硅。

硅及其衍生物都是极为有用的物质，二氧化硅是玻璃生产的主要原料，砂和黏土是建筑工业原料。本节主要指硅氧矿物，即除黏土矿物和活性金属水合氧化物以外的其他无机天然矿物。研究河流底泥时，这一类黏土矿物同样值得关注。

3. 城镇河流底泥中主要反应

有研究表明，重金属、有毒有机物与氮磷污染物在河流水体底泥（固相）-水（液相）界面进行一系列迁移转化反应，如吸附-解吸作用、沉淀-溶解作用、分配-溶解作用、络合-解络作用、离子交换作用以及氧化还原作用等（邱栋，2020；林忠成等，2021；王承刚等，2022），在底泥中上述污染又会发生如生物降解、生物富集、金属甲基化或乙基化作用等（图 2-5）。

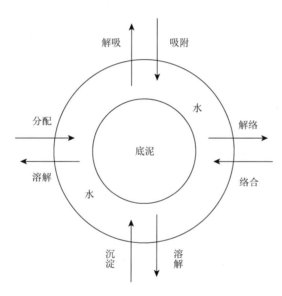

图 2-5　河流底泥中的主要迁移转化过程

1）吸附作用

吸附-解吸过程是河流湖库底泥中经常发生的重要反应之一。水体中主要的吸附作用为化学吸附，作用力有氢键、离子吸附键和配位键等，吸附热较大。根据吸附离子的性质，吸附作用可分为阳离子吸附和阴离子吸附两大类。许多营养物质和污染物的迁移、转化，在很大程度上受底泥吸附特征影响，提高这类污染物质与底泥成键的稳定性，可减少污染物对水质的危害程度。

2）络合作用

河流湖库底泥中的有机配位体包括动植物组织的天然降解产物，如氨基酸、糖类及腐殖质。如果受有机物污染的底泥还可能包括洗涤剂、乙二胺四乙酸（ethylenediaminetetra-acetic acid，EDTA）、农药等。底泥中的有机物组成十分复杂，多为含有孤对电子的活性基团的物质，是典型的电子给予体，可与某些金属离子形成稳定的络合物。在水环境和底泥中存在多种络合作用，形成不同类型的络合物，如简单络合物、螯合物、混合配位络合物、羟基络合物以及表面多酸络合物。

3）分配作用

分配作用的机理为溶解作用，是将有机物通过分子间作用力将溶质分配到沉积物（土壤）的有机质中，即底泥有机质（包括水生生物脂肪以及植物有机质等）对有机化合物的溶解作用，而且在溶质的整个溶解范围内，吸附等温线都是线性的，与表面吸附位无关，只与有机化合物的溶解度相关，因而放出的吸附热小。这种作用主要靠范德瓦耳斯力，分配作用的大小可用分配系数表示。

4）沉淀作用

沉淀作用是水环境中污染物的重要反应之一，也是液相中可溶性污染物转入固相的主要途径之一；特别是在高浓度时，沉淀作用显得尤为重要。在水环境中金属、磷等污染物都会发生沉淀溶解过程。重金属水解作用形成氢氧化物是重金属沉淀反应的主要形式之一，多数重金属的氢氧化物或羟基络合物在水中的溶解度很低，在水环境中往往经沉淀作用从液相转为固相。另外，重金属的碳酸盐和硫化物的溶解度一般都很小，因而在水环境中也是主要沉淀物。

5）阳离子交换作用

离子交换作用以等当量方式进行，阳离子交换作用具有显著的选择性。这种选择作用与各种阳离子水化半径大小、相对水化能不同相关。阳离子交换反应是可逆反应，当反应产物浓度减少时，反应就会向着正反应方向进行。

## 2.2.2　山地城镇河流和湖库有机化合物污染机理

有机化合物是城镇河流与湖库流域中常见的污染物，其一旦进入河流水环境，会对水体和水生生物等产生严重的污染与危害。研究这类污染物在环境中的分布、迁移转化及其危害是当今城镇河流与湖库保护者所面临的重大课题。众多研究资料表明，要确定有毒有机物在城镇河流与湖库水环境中的浓度分布，必须考虑这类污染物本身的特性和影响其变化的一系列环境因子。只有深入细致研究它们在水环境中的吸附、分配和转化过程，才能把握这类污染物在河流水环境中的行为（de Souza et al.，2023）。

1. 有机化合物的分配理论

1）分配理论的概念

近几十年来国际上众多学者对有机化合物的吸附分配理论开展了广泛的研究，结果均表明，颗粒物（沉积物或土壤）从水中吸附有机物的量与颗粒物中有机质含量密切相关。美国专家 Chiou 利用分配系数来估算有毒有机物在水/水土/水生生物中的污染分布的方法获得了成功，并从中总结归纳出一种新理论——分配理论，该理论可用于城镇河流有机化合物水污染形成机理的研究。

沉积物-水分配系数与水中溶质的溶解度成反比。在沉积物-水体系中，沉积物对非离子性有机化合物的吸附主要是溶质的分配过程。这一分配理论，即非离子性有机化合物可通过溶解作用分配到沉积物有机质中，并经一定时间达到分配平衡，此时有机化合物在沉积物有机质和水中含量的比值称分配系数。

2）分配作用的机理

实际上，有机化合物在河流沉积物中的吸附存在着两种主要机理：

（1）分配作用，即在水溶液中，土壤有机质（包括水生生物脂肪以及植物有机质等）对有机化合物的溶解作用，而且在溶质的整个溶解范围内，吸附等温线都是线性的，与表面吸附位无关，只与有机化合物的溶解度相关，因而放出的吸附热小。

（2）吸附作用，即在非极性有机溶剂中，土壤矿物质对有机化合物的表面吸附作用，主要的吸附作用力有两种：一种是范德瓦耳斯力；另一种是各种化学键力，如氢键、离子偶极键、配位键及 $\pi$ 键作用。其吸附等温线是非线性的，并存在着竞争吸附，在吸附过程中往往要放出大量热，来补偿反应中熵的损失。

3）标化分配系数

有机化合物在沉积物（或土壤）与水之间的分配，往往可用分配系数（$K_p$）表示：

$$K_p = C_S / C_W \tag{2-11}$$

式中，$C_S$ 和 $C_W$ 分别为有机化合物在沉积物中和水中的平衡浓度。

为了引入悬浮颗粒物的浓度，有机物在水与颗粒物之间平衡时总浓度可表示为

$$C_T = C_S \times C_P + C_W \tag{2-12}$$

式中，$C_T$ 为单位溶液体积内颗粒物上和水中有机毒物质量的总和，$\mu g/L$；$C_S$ 为有机毒物在颗粒物上的平衡浓度，$\mu g/kg$；$C_P$ 为单位溶液体积上颗粒物的浓度，$kg/L$；$C_W$ 为有机毒物在水中的平衡浓度，$\mu g/L$。

此时水中有机物的浓度 $C_W$ 为

$$C_W = C_T / (K_P \times C_P + 1) \tag{2-13}$$

一般吸附固相中含有有机碳（有机碳多，则 $K_P$ 大），为了在类型各异组分复杂的沉积物或土壤之间找到表征吸着的常数，引入标化分配系数（$K_{OC}$）：

$$K_{OC} = K_P / X_{OC} \tag{2-14}$$

式中，$K_{OC}$ 为标化的分配系数，即以有机碳为基础表示的分配系数；$X_{OC}$ 为沉积物中有机碳的质量分数。

这样，对每一种有机化合物可得到与沉积物特征无关的一个 $K_{OC}$。因此，某一有机化合物，不论遇到何种类型沉积物（或土壤），只要知道其有机质含量，便可求得相应的分配系数。

若进一步考虑颗粒物大小产生的影响，其分配系数 $K_P$ 则可表示为

$$K_P = K_{OC} [0.2(1-f) X_{OCS} + f X_{OCf}] \tag{2-15}$$

式中，$f$ 为细颗粒的质量分数（$d < 50\ \mu m$）；$X_{OCS}$ 为粗沉积物组分的有机碳含量；$X_{OCf}$ 为细沉积物组分的有机碳含量。

当 $K_p$ 不易测得或测量值不可靠需加以验证时，可运用 $K_{OC}$ 与水-有机溶剂分配系数的相关关系。Karichoff 等揭示了 $K_{OC}$ 与辛醇-水分配系数 $K_{OW}$ 的相关关系：

$$K_{OC} = 0.63 K_{OW} \tag{2-16}$$

式中，$K_{OW}$ 为辛醇-水分配系数，即化学物质在辛醇中浓度和在水中浓度的比例。

相关成果可适用于大小 8 个数量级的溶解度和 6 个数量级的辛醇-水分配系数。辛醇-水分配系数 $K_{OW}$ 和溶解度的关系可表示为

$$\lg K_{OW} = 5.00 - 0.67 \lg(S_W \times 10^3 / M) \tag{2-17}$$

式中，$S_W$ 为水中的溶解度；$M$ 为有机物的相对分子质量。

4）影响分配系数的因素

影响分配系数的因素有温度、压力、有机化合物溶质的性质以及固相有机质和溶剂的性质。从热力学原理出发，在一定温度和压力下，当单分子物质在两不相溶的体系中分配，并达到平衡时，它进入两相的化学势相等。

（1）溶解度的影响。有研究表明在有机相中溶解度对分配系数的影响十分显著，分配系数 $K$ 值高，溶解度也高，但它们之间似乎没有什么相关性。人们发现，许多化合物在有机相中都是低分配系数、高溶解度，这主要是由于它们在两相中的分配系数 $K$ 还与在水中的溶解度有关。

（2）温度的影响。由于温度系数通常比较小，因此温度对分配系数的影响一直被忽略。许多研究都没有专门考虑温度，或仅简单地说明分配系数的测定是在室温条件下进行的。其实，从理论和实践上讲，考虑温度对分配系数的影响是很有意义的。

2. 生物富集作用

有机化合物在水生生物体内的富集作用是环境化学和环境生物学中十分重要的研究内容，也是制定有机化合物排放标准和环境标准的主要依据。此外，可以利用生物富集作用定量地估算有机化合物在河流水生植物与鱼类体内的富集含量。

1）生物富集

（1）生物富集的新概念。长期以来人们普遍认为水生生物体内有机物的富集主要通过生物食物链的营养迁移或生物放大作用进行，生物体内不同组织的浓度分布不规则。因此，评价水生生物中有机化合物的分布极其困难。近年来的实验表明，疏水性化合物被鱼体内组织吸收，主要通过水和脂质层两相的平衡进行交换。此后，许多学者的研究也证实了这一结论，表明有机化合物的生物积累主要通过脂肪分布在水生生物体内。这一概念在有机物迁移转化研究中具有很高的应用价值。

（2）生物富集与溶解。有机化合物的生物富集程度取决于有机物在水中的溶解度。当其在水中溶解度减少时，生物富集系数将会增加。有机物在水中的低溶解度可以通过它们对相对非极性的有机相的亲和性反映出来，可以通过有机化合物的辛醇-水分配系数（$K_{OW}$）来表示有机物在等体积的混合溶剂辛醇-水中的分配程度。由于辛醇对有机物的分配与有机物在土壤有机质中的分配极为相似，因此辛醇-水分配系数（$K_{OW}$）是反映有机物在水和沉积物中，有机质间或水生生物脂肪之间分配的一种很有用的指标，其数值越大，有机物在有机相中的溶解度也越大，在水生生物体内的富集作用也越大。

（3）脂肪含量。有机化合物生物富集程度与生物体内的脂肪含量成正比。多氯联苯在鱼内脏中的浓度差别很大，肝脏中的浓度最大，其次为鳃、整个鱼体、心脏、脑、肌肉，这种差异是这些脏器中脂肪含量不同而引起的。这也进一步证实了，有机物在水生生物体内的分布与各组织中的脂肪含量直接相关；在类脂物含量高的组织中，有机物浓度普遍较高。上述研究结果表明，生物富集作用的主要机理不是食物链迁移或者所谓的"生物放大"原理，而是生物脂肪对有机化合物的溶解作用。这样基本上就捋清了生物富集与生物体内的脂肪含量的相关关系。

2）生物富集系数

（1）生物富集系数的定义。生物富集系数，又称为生物浓缩系数、生物浓缩率、生物积累率、生物积累倍数、生物吸收系数等，是指生物体内某种元素或化合物浓度与其所生存的环境中该物质浓度的比值；可表示生物富集、浓缩、积累、放大和吸收能力与程度的数量关系。植物和土壤间的富集系数是植物灰分中某物质的含量与土壤中该物质含量的比值。苏联彼列尔曼于 1965 年把这个数值称为生物吸收系数（$A_x$），并据此把植物对元素的累积程度划分为 5 个元素生物吸收序列。只有 $A_x > 1$ 的元素，才可以称作在生物体内富集。随着元素测定技术的提高，各种元素的生物吸收系数有所变化，不断被修正和改进。

生物富集系数、生物富集因子（bioconcentration factor，BCF）计算公式：$BCF = C_u/C_d$（其中，$C_u$ 为植物地上部分重金属含量；$C_d$ 为沉积物中重金属含量）。以 BCF 为指标反映植物对沉积物中重金属的富集特征。

应用富集系数法对重金属的富集情况进行评价，其计算公式为

$$EF = \left(\frac{C_x}{C_{Al}}\right)_s \Bigg/ \left(\frac{C_x}{C_{Al}}\right)_b \tag{2-18}$$

式中，EF 为重金属在沉积物中的富集系数；$C_x$ 为元素 $x$ 的浓度；$C_{Al}$ 为 Al 元素浓度；s 和 b 分别为样品和背景。

若 EF＞1，说明该元素相对富集，受到人为活动的影响；若 EF≈1，则该元素来源于地壳风化，由此可评价元素的富集程度（马宏瑞等，2009）。

（2）影响生物富集的环境条件。随着温度的增加，富集和释放速率增加，生物富集将取决于每个过程的相对影响。例如，5～15℃，多氯联苯在翻车鲀中的 BCF 从 6000 增加到 50000，而在鳟鱼中 BCF 仅从 7400 增加到 10000。

有机物的积累也会受其他与温度有关的变量的影响，如通过细胞溶液的扩散、溶解、蛋白质键合常数和在组织膜中渗透性的变化，以及类脂物组成的变化等，从而影响 BCF。

水中离子的组成（如盐度）对生物富集的影响较小，因为在海水鱼中 BCF 和 $K_{ow}$ 的相关性与淡水鱼中的相关性相似。

水的 pH 将通过影响非离子化学物质的浓度而明显影响弱电解质的富集，在鳃中微环境中的化学变化，也将影响弱电解质，如氯酚类的富集。

环境条件对毒性和积累的影响在很大程度上是不可预见的，有必要建立和生理、生

化有关部分的模型，去预测温度和其他环境条件对化学品积累的影响。

（3）BCF 的估算方法。

①由辛醇-水分配系数估算 BCF。有学者利用一系列的鱼种和 84 种不同的化合物经实验得到了下列估算式：

$$\lg BCF = 0.76\lg K_{OW} - 0.23 \tag{2-19}$$

在上述公式的基础上有学者通过比较涉及 290 种化合物的 802 个 BCF 实验值得到了 5 个估算方程（表 2-6），不同的方程有不同估算精度和适用范围。一般来说，估算方程用于估算与推导该方程同类的化合物结果较好。

**表 2-6　5 种由 lg $K_{OW}$ 估算 lgBCF 的模型**

| 编号 | 方程 | $n$ | $R$（$R^2$） |
|---|---|---|---|
| 1 | $\lg BCF = 0.85\lg K_{OW} - 0.70$ | 55 | 0.95 |
| 2 | $\lg BCF = 2.74\lg K_{OW} - 0.20(\lg K_{OW})^2 - 4.72$ | 43 | （0.78） |
| 3 | $\lg BCF = 2.059\lg K_{OW} - 0.164(\lg K_{OW})^2 - 2.592$ | 154 | 0.914 |
| 4 | $\lg BCF = 6.9\times10^{-3}(\lg K_{OW})^4 - 0.185(\lg K_{OW})^3 + 1.55(\lg K_{OW})^2 - 4.18\lg K_{OW} + 4.79$ | 45 | — |
| 5 | $\lg BCF = 0.911\lg K_{OW} - 1.975\lg(6.8\times10^{-7}K_{OW} + 1) - 0.786$ | 154 | 0.95 |

表 2-6 中方程 5 是 5 个方程中最优的，所采用的训练集数据样本最多，几乎可以适用于所有有机化合物 BCF 的估算，并且估算准确性和可靠性最高。

②由水溶解度估算 BCF。如果化学品在水中的溶解度在 1mg/L 以下范围内，则可以使用 Kenaga 和 Goring 在实验室通过对各种鱼种和 36 种有机物进行研究后推得的估算式：

$$\lg BCF = -0.564\lg S + 2.791 \tag{2-20}$$

③由土壤吸附分配系数估算 BCF。$K_{OC}$ 和 BCF 之间是经验性的关系，事实上，土壤对一定有机物的亲和力，可能同化合物与生态系统中某些部分的亲和力有关，Kenaga 和 Goring 从少量土壤吸附分配系数测定值推导出了以下的估算式，相关性相当好。

$$\lg BCF = 1.12\lg K_{OC} - 0.58 \tag{2-21}$$

（4）生物富集的速率。

①生物富集的平衡时间。虽然生物富集过程与有机物在辛醇-水之间的分配相似，但有机物在类脂物-水体系中，不能像在溶剂-水体系中那样迅速达到平衡质在类脂物中的缓慢扩散，加之代谢作用，往往会推迟平衡，或者不能达到平衡。

通常，稳定的低水溶性有机物所需要的平衡时间最长。Olive 等观察了一系列苯被鳟鱼富集的情况，发现达到平衡的时间往往随它们的水溶解度的减少而增加。二氯苯异构体在 10 天后达到平衡，三氯苯和四氯苯分别在大约 15 天和 50 天后达到平衡，而五氯苯在 119 天后也不能达到稳态浓度。

②平衡时间与生物体积的关系。生物富集平衡时间也与生物种类的体积大小有关，在实验室利用母蚊鱼进行富集试验，发现在同样条件下，大鱼富集滴滴涕的速度比小鱼慢。同时发现水生生物对狄氏剂的吸收，在生物体内达到最大残留浓度所需的时间与生物体积有直接关系。

3. 环境中的迁移转化作用

除已论述的吸附与分配、生物富集作用外，有机化合物在环境中还存在一些非常重要的迁移转化作用，如光解作用、水解作用、生物降解作用以及挥发作用等，这些作用对有机化合物在环境中的迁移转化，以及行为和归宿都存在着深刻的影响。为此，本节分别作一些简要阐述。

1）光解作用

光解作用是指物质在光的作用下分解，有机污染物被不可逆地改变，其分子结构被破坏，该作用可以强烈地影响水环境中某些污染物的归趋，特别是化学性质不稳定的农药。

光解过程可分为三类：第一类称为直接光解，化合物在光照的直接作用下被分解；第二类称为敏化光解，水体中存在的天然物质（如腐殖质等）被阳光激发，激发所产生的能量转移给化合物而引起分解；第三类是氧化反应，天然物质光照作用下产生活性基团，如羟基自由基、超氧自由基等，这些活性基团与化合物作用而造成分解。

2）水解作用

一种与中和反应相反的作用，水解作用发生的过程是有机污染物与水作用而改变其化学结构的一种迁移转化过程。与光解、生物降解和挥发过程相似，在水解过程中化合物减少的程度不仅取决于有机化合物的性质，而且与介质溶液有关，有机污染物的水解过程动力学可以用一级动力学方程来描述。其表达式为

$$C_t = C_0 e^{-kt} \tag{2-22}$$

式中，$C_0$ 和 $C_t$ 分别为 $t = 0$ 和 $t$ 时刻有机污染物的浓度；$k$ 为有机污染物的降解速率系数；$t$ 为降解经历时间。

对水解反应影响较大的因素为 pH，在一定的温度条件下，pH 对水解过程的影响是非常大的。由于不同化合物的性质不同，水解反应机理也不同。因此，pH 对其影响也表现出很大的差别。例如，苯甲腈类污染物在酸性和中性条件下几乎不水解；巯基乙酸酯类在中性条件下不水解，在强酸性条件下有微弱的水解。但二者在碱性条件下水解速度均较快。农药啶虫脒在碱性条件下的水解速率远大于酸性和碱性条件下的水解速率，碱性水解速率显著高于酸性水解速率；而敌敌畏和甲基对硫磷的水解速率与 pH 的关系为碱性水解速率＞中性水解速率＞酸性水解速率。一般来说，绝大多数的有机污染物都更容易在碱性条件下发生水解。

除了 pH 外，温度、离子强度和腐殖质等均会影响有机污染物的水解速率，水解的速率随温度的增加而增加。

3）生物降解作用

（1）降解机理。微生物可以通过酶催化反应分解有机化合物，这些反应的动力是微生物所需要的能量、碳和其他营养物质。微生物修复技术便是运用此原理，通过微生物的作用清除土壤和水体中的污染物，或使污染物无害化，包括自然和人为条件下的污染物降解或无害化过程。用于降解有机物的微生物主要有细菌和真菌，降解的方式主要包括堆肥法、生物反应处理和厌氧处理等，但每一过程都是利用微生物的代谢活动把有机污染物转化为易降解的物质甚至矿化（Rojewska et al.，2021）。

（2）影响因素。

①营养物质。微生物分解有机物一般利用有机污染物作为碳源，但同时需要其他的物质，如氮源、能源、无机盐和水。

②电子受体。有机污染物氧化分解的最终电子受体的种类和浓度极大地影响着污染物降解的速率和程度。微生物氧化还原反应的最终电子受体包括溶解氧、有机物分解的中间产物和无机酸根（如硝酸根、硫酸根和碳酸根等）三大类。

③污染物的性质。有机物的分子量、空间组成结构、取代基的种类及数量等都影响到微生物对其降解的难易程度。一般情况下，高分子化合物比低分子化合物难降解，聚合物、复合物更能抗生物降解；空间结构简单的比结构复杂的容易降解；苯环上有—OH或—NH$_2$的化合物都比较容易被假单胞菌 WBC-3 所降解。

④环境条件。这主要包括酸碱度（pH 一般应在 6.5～8.5）、温度、湿度等。

⑤微生物的协同现状。自然界中，多数微生物降解过程需要两种或更多种类微生物的协同作用才能完成。微生物之间的这种协同作用主要体现在：一种或多种微生物为其他微生物提供 B 族维生素、氨基酸及其他生长因素；一种微生物将目标污染物分解为中间产物，第二种微生物继续分解中间产物；一种微生物通过共代谢将目标产物进行转化，只有在其他微生物存在条件下才能将其彻底分解；一种微生物分解目标产物形成有毒中间物，使分解率下降，其他微生物可能以这种有毒中间产物为碳源。

### 4. 河流中泥沙对有毒有机污染物的吸附释放作用

有毒有机物种类繁多，虽然其在环境水体中的浓度不高，对表征有机污染物的综合指标贡献很小，甚至没有贡献，但其对水环境质量的破坏是十分严重的。直到 20 世纪 70 年代，气相色谱等痕量有机化合物分析测试技术发展起来后，许多国家才开始对其展开广泛、深入的调查研究（Brusseau，1991）。

Deane 等（1999）研究了疏水性有机物在泥沙和底泥间的扩散和吸附规律，他们研究了几种不同的疏水性有机化合物在悬浮泥沙上的吸附和解吸过程，实验结果表明泥沙的吸附平衡需要很长时间，长的甚至要超过 500 天；平衡时间受到分配系数、泥沙有机质含量及粒径大小等因素的影响。尹艳华和徐文国（2005）开展了黄河泥沙对有机污染物硝基苯的吸附特性及影响因素研究，结果表明，硝基苯的吸附量随平衡浓度的增加而递增，随含沙量的增加而降低；在高含沙量条件下，温度对吸附量的影响不大，低含沙量条件下，随温度的升高吸附量呈先下降后增加的趋势。胡国华等（2000）在开展黄河多泥沙水体对石油类有机物的吸附规律研究时发现泥沙对石油类污染物的吸附速度很快，约半小时就可以达到平衡；温度对石油污染物的吸附量有显著影响，温度增加吸附量降低。孟丽红等（2006）通过模拟实验研究了多环芳烃在黄河水体颗粒物上的吸附特征，重点探讨了表面吸附和分配作用对吸附的贡献，发现总吸附量随着泥沙含量的增加而增加，而单位颗粒物的吸附量却在减少；颗粒物对多环芳烃的吸附等温线与吸附分配复合模式拟合较好，单一多环芳烃在颗粒物上的单位吸附量大于 3 种多环芳烃共存时的单位吸附量。还有许多学者通过模型来计算，像 Chau 和 Jiang（2003）使用数学模型来模拟珀尔（Pearl）河上污染物的释放和迁移问题，申献辰等（1996）开展了对硝基氯苯和重金属在黄河小浪底至花园口河段天然河道中的输送、迁移和转化的水质模拟研究，重点研究了大量泥沙对其运动和归宿的影响；陈俊合和陈小红（1999）对铁锰在水库中的氧化还原变化、吸附、解吸、沉降及再悬浮过程进行研究，结合水流运动对铁锰迁移变化的影响，研制了水库三维动力模式及三维铁锰迁移变化模式，进而建立了完整的水库三维铁锰迁移分布模拟模型。

5. 山地城镇河流有机化合物污染估算

近些年来，长江水质在各项政策和行动下慢慢得到了改善，但仍存在着部分有机物污染超标的情况。随着越来越多有关有机化合物分配与累计的研究成果出现，得出的分配理论为这类有机化合物在底泥与水生生物的污染与积累提供了理论指导。

1）定量评估有机化合物的分配与累积

有机化合物一旦排入河流或湖库，在水环境中很快会产生分配作用，按照相似相溶的原则，有机化合物部分会被分配到底泥的有机质或水生生物的脂肪中（图 2-6）。依据分配系数理论建立起一个非常重要的定量关系，即只要已知水中某种化合物的浓度，就可以获得水生生物中的浓度和底泥中的浓度，这样河流水体中有机化合物在水质、底泥与水生生物中的含量或累积量均可以定量地被记录或确定，这为城镇河流与湖库有毒有机化合物污染控制方案的制定提供了极为重要的参数。

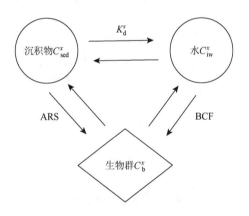

图 2-6　在沉积物-水界面的分配平衡

ARS，相对于沉积物的累积；$K_d^x$，沉积物-水的分配系数；BCF，生物富集系数；$C_{sed}^x$，沉积物中某种有机化合物的浓度；$C_{iw}^x$，水中某种有机化合物的浓度；$C_b^x$，生物群中某种有机化合物的浓度

2）分配理论为底泥基准制定提供基础

对于有机化合物，由于其水溶解度较小，污染水平的数量级也不同于其他污染物，在水中的浓度一般都在 ppb（ppb 表示 $10^{-9}$）或 ppt（表示 $10^{-12}$）量级，所以对水生生物的危害可能有两种途径：一是暴露而产生的急性中毒响应；二是通过分配作用在脂肪中累积起来，可能有时对生物本身的危害并不明显，但如果作为上一营养级生物乃至人类食物就会产生危害。也就是说，对于有机化合物，尤其是多氯联苯这类化合物，它们对生物试验的响应值不足以确定其基准，是因为这类化合物可以在生物体内脂肪中迅速富

集,而且富集系数(BCF)很高,有时低于毒性试验响应值的有机化合物浓度,但却可以通过生物富集累积起来,危害本身或上一营养级生物。

综上所述,对于某一种有机化合物的基准制定所需的阈值,应当有两个:一个是生物试验(致死量或半致死量试验)确定的阈值,这是传统所指的阈值,称为第一阈值;另一个是通过生物富集试验,由 BCF 获得的阈值,称为第二阈值。选取其中低值者,作为这种化合物基准制定的阈值。

在一般情况下,水溶解度低,$K_{ow}$、$K_{oc}$ 或 $K_p$,BCF 大的有机化合物可能出现第二阈值<第一阈值,这时应当选取第二阈值来确定其基准。反之,即第一阈值<第二阈值。在有机化合物环境基准研制过程中,双阈值的概念是十分重要的,否则将对它们给予水生生物的双途径危害出现疏忽。另外,值得注意的是,对有机化合物水质基准的确定也需要考虑双阈值问题。

### 2.2.3 山地城镇河流和湖库重金属污染机理

由于城市中种类繁多的工业生产活动,重金属也是城镇河流与湖库流域中常见的污染物,常常会随着废水进入河流水环境,对水体和水生生物造成污染与危害(张占梅等,2020)。重金属在城镇河流与湖库中的污染机理的讨论,主要包括吸附-解吸反应、沉淀-溶解反应与络合-解络反应,重金属在水体中的赋存形态,以及河流重金属污染生态风险评估等。

#### 1. 城镇河流底泥有机物、重金属的释放作用

河流底泥中重金属的释放已有许多报道,可交换性离子的加入,主要水化学性质的改变,水体 pH 的变化等都会导致污染底泥中重金属释放到上覆水体,造成"二次污染"。

#### 1) 底泥有机物释放机制

底泥与上覆水体进行物质交换的过程是多种物理化学和生物作用过程的组合,简单的交换过程如图 2-7 所示。

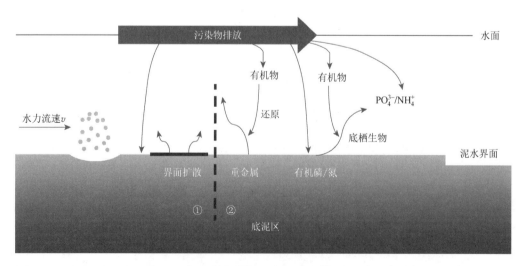

图 2-7　底泥和上覆水体进行物质交换的示意图

如图 2-7 所示，左区为物理释放区，主要分为泥水界面释放和底泥污染物起动悬浮释放两种，前一种释放方式可用滞膜模型来描述，动力学模型如式（2-23）所示，后一种方式主要受上覆水体的水动力条件影响，水体浊度随水流流速的增加而增加。在整个污染物物理释放过程中，泥水界面释放是一直存在的，底泥悬浮释放的强度虽然大，但是只在特定的水动力条件下才能发生，作用时间短，对底泥总释放的贡献随时间的增加而逐渐减小。

$$C_t = C_0(1 - \mathrm{e}^{-Kt}) \tag{2-23}$$

式中，$C_t$ 为污染物 $t$ 时刻时的水相浓度，mg/L；$C_0$ 为与两相界面面积和水体积相关的常数，mg/L；$K$ 为底泥污染物界面扩散速率，m/d，其值随水深增加而减小。

右区是化学和生物释放区，整个过程比较复杂，本节仅作简要论述。底泥中磷、氨氮、重金属以及有机物等污染物的释放均和上覆水体的理化性质，如 pH、温度、氧化还原电位、溶解氧等有关；外排污水中的有机物对所有污染因子的释放都有影响。当水体中有机物浓度升高时，包括微生物在内的底栖生物的代谢活动会增强，从而促进有机氮磷向无机氮磷转化。同时，适当的温度和缺氧环境会增强微生物的生命活动，从而加速氮磷向上覆水体的释放。另外，高浓度的有机物还可以创造出还原氛围，还原重金属以加速其向上覆水体迁移的速率（林锋，2021）。

2）底泥重金属释放机制

重金属从底泥中释放的主要机制为：溶解作用、离子交换作用和解吸作用。此外，pH、离子强度、其他重金属存在等因素都会影响沉积物中重金属污染物的释放，其反应过程如图 2-8 所示。

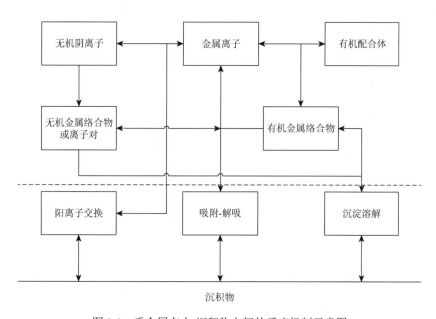

图 2-8　重金属在水-沉积物之间的反应机制示意图

释放过程中的作用如下。

（1）沉淀-溶解作用。金属尤其是重金属在水环境中会形成不同形式的难溶性化合物，特别是在重金属浓度比较高时，沉淀反应是重金属元素由液相进入固相的主要途径之一。在发生溶解作用时，特别应当注意 pH 与氧化还原状态的影响，而且在水环境中如果溶解作用发生，远比解吸作用和离子交换作用强烈。

（2）阳离子交换作用。阳离子交换作用是金属从沉积物中释放的主要途径之一。研究发现在 0.5 mol/L 钙离子作用下，悬浮物中的铅、铜、锌可以解吸出来；这三种重金属被钙离子交换的能力不同，其顺序为 $Zn>Cu>Pb$。在不同阳离子 $Ca^{2+}$、$Na^{+}$、$Mg^{2+}$ 作用下，悬浮物中铅的释放速率也表现出明显差异，二价阳离子的影响比一价的显著。

（3）吸附-解吸作用。当河流沉积物中发生化学反应时，吸附和解吸过程实际上是一个平衡的过程，当吸附过程的反应速率低于解吸过程的反应速率时，整个反应就表现为解吸作用，此时沉积物中的金属就会转入液相中。

3）环境因子对重金属释放的影响

底泥吸附重金属污染物不仅取决于沉积物本身组成、性质及吸附质的化学性质和存在形态等，而且严格地受到水体环境中各种各样因子的制约。环境因子，如粒度、温度等都会对重金属释放产生影响，具体影响如下。

（1）粒度。任何物体的分子间都有相互作用，在物体内部，任何分子都受到四周分子的同等吸引，这些力相互抵消，对分子的能量没有影响。然而，物体表面的分子由于其周围没有相同数量的分子，其受到的力是不均衡的；这种不均衡的力使表面分子具有多余的引力。由于这些能量存在于表面，因此被称作表面能。表面能越大，吸附作用就越强。表面能的大小和表面积的大小正相关。每单位质量物体的表面积称为比表面。物体分割得越细小，颗粒半径越小，单体数越多，总面积越大，比表面也越大，因而吸附的重金属也越多。

（2）温度。温度是影响吸附的重要环境因子之一。对于吸热反应而言，温度升高使颗粒物对重金属的吸附速率增大，吸附量也随之增加。离子交换吸附是吸热反应，非离子交换吸附是放热反应，因此，温度的升高有利于离子交换吸附但不利于非离子交换吸附；如果是羟基络合离子的形成，不同的温度对吸附的影响也不同。李鱼等（2003）研究发现随着温度升高底泥中重金属的释放量呈增加趋势，但影响相对较小。

（3）pH。pH 会影响重金属的溶解度和固体颗粒物中自然胶体表面的吸附特征。有研究结果表明，重金属的释放量随着 pH 的变化而变化，当 pH<7.5 时，重金属的释放量随着 pH 的增加而减小；当 pH>7.5 时，重金属的释放量随着 pH 的增加而增加（王崇臣和王鹏，2009）。pH 是底泥重金属释放的主要因素。

（4）沉淀物的组分。底泥中含有大量矿质胶体（如黏土矿物）、有机胶体（如腐殖质）和矿质有机胶体复合体，其中，带负电的胶体可吸附上覆水体中的阳离子，称为阳离子吸附；带正电的胶体吸附称为阴离子吸附。在吸附过程中，有机胶体中各种官能团与不同重金属离子结合，矿质胶体中的无机离子也能取代水合重金属离子中的配位水分子，而与重金属生成配合离子。生成的配合物、螯合物的性质会影响难溶重金属化合物的溶解度，同样也影响底泥中重金属离子的迁移活动。例如，腐殖质中的富里酸与重金属形成的配合物一般是易溶的，能够有效地阻止重金属难溶盐的沉淀。

（5）氧化还原性质。底泥中存在着多种氧化态和还原态物质，上覆水体中的高价金属离子和少量的 $NO_3^-$ 为氧化剂，低价金属离子、有机质及其在厌氧条件下的分解产物等为还原剂。氧化还原反应的强度可用氧化还原电位来表示。它的强度与氧化剂、还原剂的性质和浓度有关。氧化还原作用影响有机物质的分解速度和强度，也影响有机物和无机物存在的状态，从而影响它们的迁移转化。

（6）盐度。盐度对于重金属释放影响的研究结果表明，碱金属和碱土金属阳离子可将被吸附在固体颗粒上的金属阳离子交换出来，如水体中钙、钠、镁离子等对悬浮物中铜、铅和锌离子有着交换释放作用。底泥在不同的盐度条件下，水溶液中锌离子浓度随着盐度的增加而增加（王宇彤，2021）。

（7）水流紊动。有学者通过动态试验证明水流紊动强度、平衡挟沙量仅仅取决于水力条件和泥沙条件，并不随时间变化，是一个单纯的物理过程。水流紊动强度对重金属释放动力学过程的影响只体现在对某一时刻重金属释放强度的影响。

（8）沉积物中酸可挥发硫化物含量。沉积物中酸可挥发硫化物的含量对沉积物中重金属在水与沉积物间的分配行为有决定性影响，当沉积物中酸可挥发硫化物被去除，与之结合的重金属就会重新释放到水环境中，造成二次污染（方涛等，2002）。

**2. 城镇河流底泥中重金属的赋存形态**

重金属在底泥或其他固相中并不是简单地作为某一离子或基团出现，而是以不同的形态存在。自 21 世纪以来，人口的增长和经济的活动造成了大量的重金属污染物排放，它们通过地表径流及大气降尘等各种途径进入水体，以至于水体重金属污染形势变得十分严峻（Krishna et al.，2009）。重金属作为典型环境化学污染物之一，具有污染持久性、难降解、生物毒害性大且不易迁移等特点（张杰等，2014）。

1）重金属的影响

重金属污染物进入水体后可形成不同化学形态沉淀或沉淀到沉积物中，并在底泥中长期积累。沉积物中的重金属其化学稳定性会受到环境变化，如酸碱度、氧化还原电位、离子强度等的影响，一旦水环境条件发生变化，重金属污染物就可能从沉积物中逐渐转移到水中，对水环境造成破坏（李佳璐等，2016）。水体中重金属及其沉积物的二次污染对水环境具有极大的危害性，若通过食物链向水生动物富集，可能对人体造成危害，并对水产品养殖产生不可预估的风险，进而影响水产品的质量安全（尹肃等，2016；刘昔等，2018）。因此，研究重金属在水体沉积物中的存在状态、形态毒性和可能产生的环境危害对重金属污染的防治和管理具有重大的意义。

（1）重金属的主要来源。重金属在人类各种生产、生活活动和自然界的风化作用，各种外营力的搬运作用下进入水环境中，其中人为排放是重金属进入水环境的首要途径。在陆地系统及大气系统与水环境的各种交互过程中，重金属完成其在水环境中的迁移转化过程。

（2）重金属在水体中的主要反应。重金属在自然环境中空间位置的移动和存在形态的转化，以及由此所引起的富集和分散问题统称为重金属迁移。根据其运动形式，可分为机械迁移、物理化学迁移和生物迁移三种类型。

2）重金属在水体中存在的形态

（1）存在形态的类型。了解重金属污染物在水体中以何种形式存在以及各存在形态之间的关系，对分析重金属污染物在水体中的迁移转化规律有着十分重要的作用。水体中重金属存在形态可分为溶解态和颗粒态，即用 0.45 μm 滤膜过滤水样，过滤后溶解在滤液中的为溶解态，未过滤的为颗粒态，其中包括存在于悬移质中的悬移态及存在于表层沉积物中的沉积态。

根据李浩等（2009）提出的逐级化学提取法，将颗粒态重金属划分为以下 5 种形态：①可交换态，指吸附在悬浮沉积物中的黏土、矿物、有机质或铁锰氢氧物等表面上的重金属；②碳酸盐结合态，指结合在碳酸盐沉淀上的重金属；③铁锰水合氧化物结合态，指水体中重金属与水合氧化铁、氧化锰生成结合的部分；④有机硫化物和硫化物结合态，指颗粒中的重金属以不同形式进入或包裹在有机颗粒上，同有机质发生螯合或生成硫化物；⑤残渣态，指重金属存在于石英、黏土、矿物等结晶矿物晶格中的部分。

（2）迁移性质。重金属在水体中的迁移性质因其存在形态的不同而不同。溶解态重金属含量是判断水体中重金属污染程度的常用依据之一，这一状态的重金属会对水生生态系统造成最为直接的影响。颗粒态重金属因其组成复杂，形态性质各不相同。最不稳定是可交换态，极易受到环境条件变化的影响而溶解于水中或被其他极性较强的离子交换，进而影响水质；碳酸盐结合态在 pH 较低时会将重金属污染物重新释放进入水体；在环境条件发生变化时铁锰水合氧化物结合态也会向水体中释放部分重金属污染物；有机硫化物和硫化物结合态较为稳定且不易被生物吸收；最稳定的是残渣态，其在相当长的时间内不会释放到水体中。

3. 水中重金属污染特征

1）重金属污染的作用机理

重金属污染物进入水体后不仅不能被微生物降解，而且某些重金属在微生物的作用下可转化为具有更大毒性的重金属有机化合物，例如，汞在细菌作用下形成甲基汞（麦荣保，2015）。重金属污染物通过阻碍生物大分子的生理功能，改变其活性部位的组成来影响生物体的正常发育和新陈代谢。重金属污染物在水生动植物体内积累到一定程度时，水生动植物的正常生长就会受到影响，并表现出一系列受害症状，最终直接或间接地危害到人体健康。

2）重金属沉积物污染

重金属在水体中除少部分被水生生物吸收蓄积外，其余的基本上最终都会沉降到沉积物中。因此，在评价水体中重金属污染问题时沉积物污染状况的研究也是十分重要的一环。常用的沉积物评价分析方法有以下三种：地积累指数法、潜在生态危害指数法和脸谱图法。地球表层作为储存污染物的重要场所，沉积物环境一旦遭到严重的破坏，必然会导致生态环境的恶化。因此，要加强重金属沉积物污染问题的研究。

3）不同价态的重金属毒性

由于重金属元素大多属于存在多种价态的过渡性元素，可通过氧化还原反应实现不同价态间的转化，不同价态重金属产生的毒性也不相同。例如，六价铬的毒性显著高于三价铬；有机汞的毒性也大多高于无机汞，如具有极强毒性的甲基汞和二甲基汞（李莉等，2010）。

### 4. 重金属及有毒有害污染底泥污染特征

重金属污染底泥的辨别标准除了要考虑重金属含量外，还应该对重金属在环境中的生态响应、环境响应和毒理学情况进行考虑。参照瑞典学者 Hakanson 于 1980 年提出的潜在生态风险指数法进行污染判断（张海珍，2012）。

单个污染物潜在风险指数：

$$C_f^i = \frac{C_d^i}{C_r^i} \tag{2-24}$$

$$E_r^i = T_r^i \times C_f^i \tag{2-25}$$

多种重金属潜在生态风险指数：

$$E_{RI} = \sum_{i=1}^{n} E_r^i \tag{2-26}$$

式中，$C_f^i$ 为某种重金属的污染系数；$C_d^i$ 为底泥中重金属的实测含量，mg/kg；$C_r^i$ 为计算所需的参比值，mg/kg；$E_r^i$ 为单个污染物潜在生态风险系数；$T_r^i$ 为单个污染物的毒性响应参数；$E_{RI}$ 为多种重金属的潜在生态风险指数。

潜在生态风险指数计算所需沉积物毒性参数及其污染等级划分见表 2-7 和表 2-8。

表 2-7　沉积物毒性参数

| 元素 | Hg | Cd | As | Pb | Cu | Zn | Cr | Ni |
| --- | --- | --- | --- | --- | --- | --- | --- | --- |
| 沉积物毒性参数 | 40 | 30 | 10 | 5 | 5 | 1 | 2 | 5 |

表 2-8　污染指标和潜在生态风险指标划分等级

| 单种重金属的污染系数 | | 单个污染物潜在风险指数 | | 多种重金属潜在生态风险指数 | |
| --- | --- | --- | --- | --- | --- |
| 阈值区间 | 程度分级 | 阈值区间 | 程度分级 | 阈值区间 | 程度分级 |
| $C_f^i < 1$ | 低污染 | $E_r^i < 40$ | 低风险 | $E_{RI} < 150$ | 低风险 |
| $1 \leqslant C_f^i < 3$ | 中等污染 | $40 \leqslant E_r^i < 80$ | 中风险 | $150 \leqslant E_{RI} < 300$ | 中风险 |
| $3 \leqslant C_f^i < 6$ | 较高污染 | $80 \leqslant E_r^i < 160$ | 较高风险 | $300 \leqslant E_{RI} < 600$ | 较高风险 |
| $C_f^i = 6$ | 很高污染 | $160 \leqslant E_r^i < 320$ | 高风险 | $600 \leqslant E_{RI} < 1200$ | 高风险 |
| — | — | $E_r^i \geqslant 320$ | 很高风险 | $E_{RI} \geqslant 1200$ | 很高风险 |

从表 2-9 可以看出，不同的重金属指标在不同年份土壤标准中均有所变化，目的是避免让重金属污染进入食物链造成环境和社会风险。从三个标准的对比情况看，有以下几种情况。

表 2-9　底泥重金属指标对比　　　　　　　　（单位：mg/L）

| 重金属指标 | 1995 年土壤标准（三类土） | 2008 年土壤用地（工业用地） | 2018 年土壤标准（一类筛选值） |
|---|---|---|---|
| 镉 | 1 | 20 | 20 |
| 铅 | 500 | 600 | 400 |
| 铬 | 300 | 1000 | 3（六价） |
| 镍 | 200 | 200 | 150 |
| 砷 | 40 | 70 | 20 |
| 汞 | 1.5 | 20 | 50 |
| 铜 | 400 | 500 | 2000 |
| 锌 | 500 | 700 | — |

土壤标准经过 1995 年、2008 年、2018 年三次的颁布与修改，其重金属指标有所放宽，这也与社会实际发展情况息息相关，2018 年颁布的标准对于金属锌已不做要求，对于金属铬只考虑毒性较强的六价铬而不是总铬，对于指标砷也加上了附加条款，若背景值高于筛选值的不纳入污染地块，此部分的改变更符合现实情况。城镇污水处理厂对镉、汞等毒性较强的指标要求仍然比较严格，主要原因是减小重金属进入生物链的风险。

### 5. 城镇河流与湖库底泥重金属生态危害评估

重金属在城镇河流与湖库中的存在不仅对水环境与水生态产生重大影响与危害，还会对人们的生产生活产生潜在的风险与危害。因此，在开展城镇河流与湖库污染治理之前，应当开展河流底泥中各种重金属的生态危害水平的评估，提出科学的、安全的应对措施。

河流湖库底泥重金属污染的评价方法有综合污染指数法、内梅罗综合指数法、污染负荷指数法、潜在生态危害指数法、环境风险指数法、地质累积指数法、脸谱图法、沉积物富集系数法、次生相与原生相分布比法、水体沉积物重金属质量基准法、回归过量分析法、次生相富集系数法、间隙水和上覆水法、SEM/AVS（simultaneously extracted metals/acid volatile sulfide）（同时提取的金属/酸挥发性硫化物）方法等。有学者对比研究了不同评价方法的优点及不足之处，并指出了不同评价方法的结合，可以更有效地评价河流湖库底泥重金属污染程度。张鑫等（2005）在《河流沉积物重金属污染评价方法比较研究》中提出，潜在生态危害指数法可以快速准确地评价重金属的潜在生态危害，同时该方法顾及了背景值的地域分异性；存在的不足可以通过与地质累积指数法的结合使用，相互补充来进行克服。表 2-10 列出了几种主要河流湖库底泥重金属污染评价方法。

本书采用的底泥污染评价方法为潜在生态危害指数法与地质累积指数法。

**表 2-10　几种主要河流湖库底泥重金属污染评价方法**

| 方法 | | 计算公式 | 污染评价 | 特点 |
|---|---|---|---|---|
| 综合污染指数法 | 单因子指数法 | $P_i = \dfrac{C_i}{S}$　(2-27)<br>$P_i$ 为污染单因子指数；<br>$C_i$ 为实测浓度，mg/kg；<br>$S$ 为土壤环境质量标准浓度，mg/kg | $P_i \leqslant 1$:<br>未受污染<br>$P_i > 1$:<br>已经受到污染；<br>$P_i$ 数值越大，说明受到的污染越严重 | 单因子污染指数法只能分别反映各个污染物的污染程度，当评定区域内土壤质量作为一个整体与外区域土壤质量比较，或土壤同时被多种重金属元素污染时，需将单因子污染指数法、多因子评价法、权重计算法综合起来进行评价 |
| | 多因子评价法 | $I_{\text{sqj}} = \sum\limits_{i=1}^{n} W_i P_i$　(2-28)<br>$I_{\text{sqj}}$ 为地质的环境质量总指数；<br>$W_i$ 为 $i$ 污染因子的权重值，$\sum W_i = 1$；<br>$P_i$ 为 $i$ 污染因子的权重值 | | |
| | 权重计算法 | $W_i = (1/K_i)/\sum(1/K_i)$　(2-29)<br>$K_i$ 为 $i$ 污染因子的环境可容纳量<br>$K_i = (S_i - C_{oi})/C_{oi}$　(2-30)<br>$S_i$ 为评价标准；$C_{oi}$ 为背景值 | $W_i < 0.5$: 清洁；<br>$0.5 \leqslant W_i < 1$:<br>有一定的影响；<br>$1 \leqslant W_i < 1.5$:<br>轻度污染；<br>$1.5 \leqslant W_i < 2$:<br>已经受到污染；<br>$W_i \geqslant 2$:<br>污染严重 | |
| 内梅罗综合指数法 | | $P = \sqrt{\dfrac{P_{i\text{最大}}^2 + \left(1/n\sum P_i\right)^2}{2}}$　(2-31)<br>$P$ 为内梅罗综合污染指数；<br>$P_i$ 为土壤中 $i$ 元素标准化污染指数；<br>$P_{i\text{最大}}$ 为所有元素污染指数的最大值。<br>$P_i = \dfrac{\rho_i}{S_i}$　(2-32)<br>$\rho_i$ 为沉积物中污染物的实测浓度值，mg/kg；<br>$S_i$ 为沉积物中 $i$ 污染物的评价标准，mg/kg | $P < 1$: 无污染；<br>$1 \leqslant P < 2.5$:<br>轻度污染；<br>$2.5 \leqslant P < 7$:<br>中度污染；<br>$P \geqslant 7$:<br>污染严重 | 其突出了污染指数最大的污染物对环境质量的影响和作用。此方法只能反映污染的程度而难以反映污染的质变特征 |
| 污染负荷指数法 | | 最高污染系数（$F$）：<br>$F_i = C_i/C_{oi}$　(2-33)<br>$F_i$ 为元素的最高污染系数；<br>$C_i$ 为元素的实测浓度，mg/kg；<br>$C_{oi}$ 为元素的评价标准，即背景值，一般选用全球页岩平均值作为重金属的评价标准，mg/kg<br>某一点的污染负荷指数（$L_{pL}$）为<br>$L_{pL} = \sqrt[n]{F_1 \times F_2 \times F_3 \times \cdots \times F_n}$　(2-34)<br>$n$ 为评价元素的个数<br>某一区域的污染负荷指数（$L_{pLZone}$）为<br>$L_{pLZone} = \sqrt[n]{L_{pL1} \times L_{pL2} \times L_{pL3} \times \cdots \times L_{pLn}}$　(2-35)<br>$n$ 为评价点的个数（即采样点的个数） | $L_{pL} < 1$: 无污染；<br>$1 \leqslant L_{pL} < 2$: 轻度污染；<br>$2 \leqslant L_{pL} < 3$: 中度污染；<br>$3 \leqslant L_{pL} < 4$: 重度污染；<br>$L_{pL} \geqslant 4$: 极强污染 | 其能直观地反映各个重金属对污染的贡献度，以及重金属在时间、空间上的变化趋势，但该方法没有考虑不同污染物源所引起的背景差别 |

| 方法 | 计算公式 | 污染评价 | 特点 |
|---|---|---|---|
| 潜在生态危害指数法 | 某一区域重金属的潜在生态危害系数：<br>$$E_r^i = T_r^i \times C_f^i \quad (2\text{-}36)$$<br>$E_r^i$ 为潜在生态风险系数；<br>$T_r^i$ 为单个污染物的毒性响应参数。<br>沉淀物中多种重金属的潜在生态危害指数：<br>$$E_{RI} = \sum_{i=1}^{n} E_r^i = \sum_{i=1}^{n} T_r^i \times C_f^i$$<br>$$= \sum_{i=1}^{n} T_r^i \times C_{\text{表}}^i / C_n^i \quad (2\text{-}37)$$ | $E_r^i < 40$：污染低；<br>$40 \leqslant E_r^i < 80$：污染中等；<br>$80 \leqslant E_r^i < 160$：污染较重；<br>$160 \leqslant E_r^i < 320$：污染重；<br>$E_r^i \geqslant 320$：污染严重<br>$E_{RI} < 150$：污染低；<br>$150 \leqslant E_{RI} < 300$：污染中等；<br>$300 \leqslant E_{RI} < 600$：污染重；<br>$600 \leqslant E_{RI} < 1200$：污染严重；<br>$E_{RI} \geqslant 1200$：污染很严重 | 它结合环境化学、生物毒理学、生态学等方面的内容，以定量的方法划分出重金属潜在危害的程度，但这种方法的毒性和加权带有主观性 |
| 环境风险指数法 | $$I_{ERi} = AC_i / RC_i - 1 \quad (2\text{-}38)$$<br>$$I_{ER} = \sum_{i=1}^{n} I_{ERi} \quad (2\text{-}39)$$<br>$I_{ERi}$ 为超过临界限量的第 $i$ 种元素的环境风险指数；<br>$AC_i$ 为第 $i$ 种元素的分析含量，mg/kg；<br>$RC_i$ 为第 $i$ 种元素的临界限量，mg/kg；<br>$I_{ER}$ 为待测样品的环境风险 | $AC_i < RC_i$，则定义 $I_{ERi}$ 的数值为 0 | 能用数值来反映污染物对环境现状的危害程度，但这种方法不能反映出重金属污染在这个时间和空间的变化特征 |
| 地质累积指数法 | $$I_{geo} = \log_2(C_n / kB_n) \quad (2\text{-}40)$$<br>$I_{geo}$ 为地质累计指数；<br>$C_n$ 为重金属在沉积物中的实测含量；<br>$B_n$ 为沉积岩（即普通页岩）中所测元素的地球化学背景值；<br>$k$ 为考虑成岩作用可能会引起的背景值的变动而设定的常数，一般 $k = 1.5$ | $I_{geo} < 0$：无污染；<br>$0 \leqslant I_{geo} < 1$：轻度污染；<br>$1 \leqslant I_{geo} < 2$：偏中度污染；<br>$2 \leqslant I_{geo} < 3$：中度污染；<br>$3 \leqslant I_{geo} < 4$：偏重污染；<br>$4 \leqslant I_{geo} < 5$：重度污染；<br>$I_{geo} \geqslant 5$：污染严重 | 根据重金属的总含量进行评价，了解重金属的污染度，但难以区分沉积物中重金属的自然来源和人为来源 |
| 沉积物富集系数法 | $$K_{SEF} = (S_n / S_{ef}) / (a_n / a_{ref}) \quad (2\text{-}41)$$<br>$K_{SEF}$ 为沉积物中重金属富集系数；<br>$S_n$ 为沉积物中重金属含量；<br>$S_{ef}$ 为沉积物中参比元素的含量；<br>$a_n$ 为未受污染沉积物中重金属含量，即重金属的背景值；<br>$a_{ref}$ 为参比元素的背景值 | $K_{SEF} < 2$：无污染或轻度污染；<br>$2 \leqslant K_{SEF} < 5$：中度污染；<br>$5 \leqslant K_{SEF} < 20$：重度污染；<br>$20 \leqslant PK_{SEF} < 40$：较强污染；<br>$K_{SEF} \geqslant 40$：污染极强 | 与地质累积指数法具有相同的问题 |

## 2.2.4 山地城镇河流和湖库氮磷污染机理

水质的氮磷污染、水体富营养化以及高藻水显现或许已成为城镇河流与湖库营养盐污染的三大代表性污染指标，也是城镇河流与湖库面临的新问题、新课题。多年监测发现，城镇河流与湖库的氨氮浓度往往高居不下，总氮与总磷几乎成为多数城镇河流与湖库水质超标的主要污染因子，在河流治理中，氮磷这类营养性污染物已经超过以往重点控制的 COD（chemical oxygen demand，化学需氧量）这类好氧性污染物，成为治理目标的难点与重点，因此剖析城镇河流与湖库的氮、磷污染及其机理显得格外重要。

1. 营养盐在底泥中的累积和分布

1）城镇河流与湖库底泥中氮磷污染的表现

底泥是水环境的重要组成部分，是水体污染控制研究中不可缺少的一部分。作为氮磷等的重要蓄积库，底泥在承担着上覆水环境净化作用的同时还发挥着营养源的作用，不断向上覆水中释放营养盐。因此，研究底泥中氮磷等营养盐的迁移过程对评价底泥中营养盐的动态循环具有重要意义。我国的河流大多为浅水河流，而浅水河流单位水体具有更大的底泥-水接触面积比例，更高的透光层深度/水深比例，更强烈、频繁的水土界面物质交换和更复杂的生态类型（Chi et al.，2008）。在外源逐步得到控制的情况下，底泥作为内源对上覆水体释放的氮磷是维持上覆水营养状态的重要来源。底泥通过间隙水与上覆水之间的交换来进行氮磷的交换；当间隙水中氮磷的含量高于上覆水时，溶解的氮磷就被释放到上覆水体中去。底泥的理化特征和生物特征既是人类活动对河流影响的历史记录指标，也是研究氮磷迁移转化以及氮磷赋存形态等的基础信息。研究水体底泥的物理化学性质对把握河流水污染发生机制、控制水体富营养化具有十分重要的意义。

2）底泥中有机质含量对水体环境的影响

作为水体污染物的汇和源，沉积物中的有机质对污染物的迁移与释放都有着关键作用。水体中的有机质在矿化、降解的过程中会消耗大量的氧，并释放出含碳、氮、磷、硫的营养盐，造成水质恶化，严重的情况下会发生富营养化和黑臭化。同时，还伴随产生大量 $CH_4$、$CO_2$ 及挥发性卤代有机化合物等温室气体，影响空气质量。此外，有机质通过吸附、络合沉积物中的重金属、有毒有害有机物等，改变和影响其生态毒性、环境迁移行为。这些过程会对地球原有的生态环境平衡产生破坏，对人类的生存和发展也有一定的负面影响（姚晓瑞，2013）。因此，要加强对沉积物中有机质含量的把控，探究其污染路径和研究治理保护手段。

2. 营养盐在底泥中的赋存形态

底泥中氮磷赋存形态及其在天然河流中迁移转化的方式，不仅会影响藻类等水生植物的吸收利用，还决定着氮磷在天然环境中的释放特性及其速率。

1）底泥中磷的形态

水体中的磷通常分为溶解态和颗粒态两大类，水体中的磷通过颗粒吸附、自生沉积及生物沉积等方式汇入底泥中，底泥是水体中磷的归宿。底泥理化性质的变化会影响磷的存在形态，当底泥处于相对还原条件下时，部分有机结合态磷会转变为可溶态无机磷，该部分磷进入沉积物间隙水，一部分与铁、钙等阳离子发生共沉淀或被沉积物颗粒吸附，形成含磷的矿物；一部分在适合的条件下可能再释放回水体中。一般而言，湖库底泥中磷的主要形态包括：可交换的磷、铁/铝结合态磷、钙结合态磷、有机磷（彭祥捷等，2010）。

一般认为，在水体中被生物利用的主要是不稳定或弱结合态磷，其次是与铁、铝结合的非磷灰石磷，而钙结合磷、惰性磷和有机磷则难以被生物利用。有机磷只有在其他生物的作用下矿化分解为活性可溶性磷后才能被藻类等水生植物吸收，稳定的或在矿化作用中难以分解的有机磷一般会长期积留在底泥中。易被分解的有机磷和对氧化还原条件比较敏感的无机磷都被认为是潜在的可释放磷。虽然有关底泥中磷的研究取得了一定的成果，但仍然无法在磷的形态、释放强度以及内源负荷持续时间之间建立一个普遍的适用规律，对底泥性质以及内源负荷机制的认识也还存在不足（李亮等，2013）。磷的主要形态分布模式如图 2-9 所示。

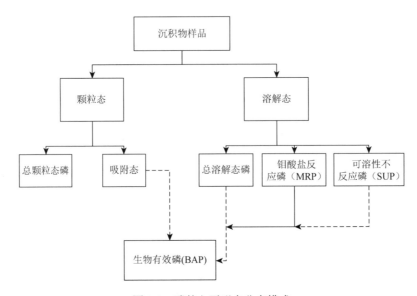

图 2-9　磷的主要形态分布模式

MRP 全称为 molybdate reactive phosphorus；SUP 全称为 soluble unreactive phosphorus sup；BAP 全称为 bioactive phosphorus

2）底泥中磷的形态分布

松散吸附形态的磷（labile phosphorus，LP）是底泥中最具活性、变化范围较大的一类磷，它可以通过再悬浮或者渗透的方式进入上方水体，从而影响水体中的磷含量。一般情况下，底泥中 LP 的含量较低，但其变化范围较大。在特定环境下，Fe、Mn-P 的溶解释放和有机磷的厌氧降解，都会以 LP 的形式进入水体中。此外，LP 还与总磷存在显著的相关性。因此，LP 可用作湖泊污染状况的指示物（谭镇等，2011）。

Ca-P 主要以钙的磷酸盐形式存在，底泥中的含钙矿物与磷结合，形成了类似于 $Ca_3(PO_4)_2$ 等稳定的化合物，属于沉积物中较惰性的磷组分。但是这部分 Ca-P 在 pH 较低时会部分释放进入上方水体。

Fe、Mn-P 属于底泥中易变的磷源，这类结合态的磷主要存在于一些非结晶态的矿物之中，容易受到氧化还原环境变化的影响。当水底微生物消耗大量溶解氧分解污染物导致底泥界面呈厌氧状态时，还原性变强，底泥中的 Fe、Mn-P 溶解释放到水环境中；当湖泊污染较轻或者没有污染时，湖底各种沉水水生植物的根部附近会形成富氧微环境，氧化性变强，有利于形成 Fe、Mn-P，导致底泥中 Fe、Mn-P 含量升高（谭镇等，2011）。

Al-P 在一定程度上与人类的活动有关，大量的含磷生活污水排入湖中，易与水中的 $Mg^{2+}$、$Al^{3+}$ 等金属离子吸附结合，沉积于底泥中。有研究表明，污染较为严重的浅水湖泊，底泥中的 Al-P＞Ca-P，而富营养化程度较低的湖泊中 Ca-P＞Al-P。有研究数据表明，呈现富营养化的星湖底泥中磷形态的分布为 Al-P＞Ca-P＞Fe、Mn-P＞LP；而疏浚后的西五里湖底泥中 Ca-P＞Al-P，这也印证了上述结论（俞海桥等，2007）。此外，Al-P 比较容易受到水体环境变动的影响，进而导致水体中溶解性磷浓度升高。潜在可释放磷源的含量与排入湖中的有机污染物有关，一般情况下有机污染越严重，底泥中有机磷的含量越高（龚春生和范成新，2010）。

开展底泥中磷形态分布的分析有助于了解水体中磷含量的变化趋势及原因，初步判定湖库受污染的状况，为探索磷在水体-底泥中的迁移转化规律提供数据支撑。

3）沉积物中磷形态的垂直变化

一般来说，沉积物中磷的形态和总量都会呈现出垂向变化，相关研究结果表明：①总磷和各形态磷存在明显的表层富集现象，其质量比在垂直方向上随深度的增加而递减；②部分湖库上下层之间不同形态的磷的构成比例没有显著差异，即垂向分布不明显，波动性较小，一般 Fe-P 上层较高，相反 Ca-P 较高。

### 3. 底泥对磷的吸附作用

磷在底泥与水体之间的交换是一个十分复杂的物理化学过程，包括磷的生物循环、含磷颗粒的沉降与再悬浮、溶解态磷的吸附与解吸、磷酸盐沉淀与溶解等过程。其中磷的吸附与解吸是磷在水体与底泥之间交换的一种重要方式。

底泥对磷的吸附与固定，除了通过微生物的同化作用变为有机态磷以外，还包括以下三种机制：①物理吸附。这一吸附过程不是很稳定，被吸附的磷容易被释放出来。②化学吸附。由于水中有大量的金属阳离子，它们与磷酸盐反应产生溶解度较小的化合物（如磷酸氢镁、磷酸钙等），生成沉淀而被固定。③物理化学吸附。离子交换反应是一种介于物理吸附和化学吸附之间的能量，溶液中的磷酸根离子可在这一能量的作用下被吸附在底泥固相表面。

1）吸附等温式和吸附量

许多研究表明，河流底泥对磷酸盐有很强的吸附能力，吸附量可达到 40 μg/g 左右，而且其吸附模型偏向于 Frendlich 型。在去离子水和湖水两种体系中，磷酸根的吸附存在差异，一般在湖水中，其吸附量较大，反应速率较快，这是因为相比于去离子水，湖水中的钙镁离子会与磷酸根反应产生沉淀，从而导致其表观吸附量增高，平衡时间缩短。

2）底泥对磷的吸附作用受环境因子的影响

环境因素对底泥中磷的吸附影响顺序为：悬浮物浓度＞pH＞温度＞盐度。底泥对磷酸盐的吸附量与粒径小于 0.005 mm 的颗粒含量呈较好的正相关关系，样品中的细颗粒含量越多，底泥中磷的吸附量也就越大，这说明底泥的吸附作用大多是发生在细小颗粒中。此外，水体中的主要阴离子，如 $SO_4^{2-}$、$HCO_3^-$、$CO_3^{2-}$、$Cl^-$ 等，由于竞争作用会抑制底泥对磷酸盐的吸附；从理论上讲，底泥对磷的吸附量会随着反应体系中阴离子量增加而减少。

### 4. 底泥中营养盐的释放

不同来源的营养盐经过一系列物理、化学以及生物化学作用，其一部分或大部分会沉积于底泥中，成为水环境营养盐的内负荷。当水环境发生变化时，底泥中的营养盐会释放进入水体。由于长期的积累，城镇河流与湖库的底泥氮磷负荷往往较高。当存在外来污染源时，这种内负荷发挥的作用和影响较小；当不存在外来污染源时，水体中氮磷浓度降低，底泥中的营养盐会逐渐释放出来，有可能会造成水体富营养化。因此，了解和研究河流底泥中营养盐的释放行为具有十分重大的意义。

1）底泥中氮磷的释放

氮化合物分解的程度决定了氮的释放，磷化学沉淀形态变化与磷的释放息息相关，氮磷的释放机制有所不同。在细菌的作用下氮化合物可以相互转化，氮的释放能力与其形态相关，释放出的溶解态无机氮根据水环境条件的不同也会表现出不同的形态。在厌氧条件下，以氨态氮为主；在好氧条件下，则以硝酸氮为主，而且其释放速度比厌氧条件时快。无机态的正磷酸盐是底泥中磷最主要的存在形态；当条件适宜部分不溶性磷酸盐沉淀物溶解时，部分磷会释放到水体中。

常规情况下释放出的营养盐首先进入底泥的间隙水中，随后逐步扩散到底泥表面，进而向底泥的上层水混合扩散，最终影响水体的富营养化状态。

2）底泥中磷释放的影响因素

沉积物中磷形态主要以无机磷和有机磷的形式存在，可以细分为水溶性磷、铝磷、铁磷、钙磷、还原态可溶性磷、闭蓄磷、有机磷 7 种化学形态。影响底泥磷释放的因子有以下几种：

（1）溶解氧（dissolved oxygen，DO）。水中的溶解氧会影响沉积物的氧化还原电位（Eh），表层沉积物 Eh 的变化会影响磷的释放。当表层沉积物 Eh 大于 350 mV 时，$Fe^{3+}$ 与磷酸盐结合成不溶的磷酸铁，可溶性磷也被氢氧化铁吸附而逐渐沉降；而当 Eh 低于 200 mV 时，$Fe^{3+}$ 会向 $Fe^{2+}$ 转化，铁磷表面的 $Fe(OH)_3$ 保护层转化为 $Fe(OH)_2$ 然后溶解释放，使 Fe 及被吸附的磷酸盐转变成溶解态而析出，磷的释放量也随之增加。

（2）温度。温度会影响沉积物中磷的释放，磷在冬天的释放量较低，在夏天较高。这是因为温度升高会促进沉积物中微生物和生物体的活动，推进矿化分解和厌氧转化等过程，促使 $Fe^{3+}$ 还原为 $Fe^{2+}$，加速磷酸盐的释放。

（3）pH。常规而言，pH 在中性范围时，沉积物释磷量最小，而升高或降低 pH 都会促进磷的释放，磷的释放量与 pH 呈 U 形变化趋势，当 pH 为 3～7 时，磷主要以 $HPO_4^{2-}$ 形式存在；pH 为 8～10 时，磷主要以 $H_2PO_4^-$ 形式存在。

（4）微生物。在微生物的作用下沉积物中有机态磷可转化、分解成无机态磷，不溶性磷可转化为可溶性磷。藻类会促进沉积物磷的释放，藻类生长得越多，磷释放得越多；磷的释放进一步促进藻类的生长，两者有相互促进的关系。

（5）沉积物-水界面磷的浓度梯度。沉积物中的总磷含量与上覆水中的磷浓度关系密切。浓度差以及临界浓度会影响沉积物中磷的释放，浓度差越大，沉积物释放磷越快。

（6）水化学成分的影响。水化学成分会影响底泥中磷的释放。①阴离子盐的增加会抑制沉积物磷的释放，硝酸盐和亚硝酸盐等会消耗有机基质而抑制聚磷菌对磷的释放，从而影响在好氧条件下聚磷菌对磷的吸收。②铁钙等金属离子会与磷酸盐结合生成不溶或难溶的化合物，进而抑制磷的释放（裴佳瑶，2020）。

（7）扰动。对浅水湖泊来说扰动是影响沉积物-水界面反应的重要物理因素。动态条件下沉积物中磷的释放量显著高于静态条件，扰动会使沉积物处于再悬浮状态，暴露出更多的沉积物颗粒物反应界面，进而影响磷在沉积物-水界面间的再分配，促进磷从沉积物中释放，使水体营养负荷增加。

3）底泥中磷释放与形态关系

沉积物中磷的释放作用与磷的赋存形态相关，其中与铁磷的关系最为密切。霞浦湖和高滨运河底泥磷形态组成与释放量关系分析实验结果表明，底泥磷的释放量与 NaOH-P（包括铝磷和铁磷）减少量密切相关。为了进一步查明底泥磷的释放主要是来自铁磷、铝磷还是其他形态的磷，开展了不同磷化合物的模拟实验。结果表明，向水体释放的磷主要来自铁磷，而不是其他形态的磷。日本学者在霞浦湖试验中证明了这一点，在好氧条件下，总磷量从 1.14 mg/L 降至 0.96 mg/L，减少 0.18 mg/L。在相应的磷形态各组分变化中，铝磷和钙磷几乎没有什么变化，而铁磷却减少 0.17 mg/L，这恰好证明总磷量的减少基本上来源于铁磷减少。

4）底泥中氮化物的释放

底泥中氮的释放也是环境学者十分关心的课题之一，它不仅是水中溶解性氮的来源之一，还能在某种程度上影响底泥磷的释放。相关研究结果表明，在好氧状态下，氮大部分是以硝态氮形式溶出，而在厌氧条件下，主要以氨氮的形式溶出。当溶出反应体系中溶解氧浓度小于 1.5 mg/L 时，硝态氮溶出反应就消失了，而氨氮的平均溶出速度可达 10 mg N/(m$^2$·d)；当溶解氧浓度大于 2.8 mg/L 时，氨氮的溶出受到抑制，底泥间隙水和上覆水中的氨氮被底泥表层的硝化细菌氧化成硝态氮，进而导致氨氮溶出量的减少。

5. 高氮、磷污染底泥吸附-解吸平衡浓度

在水位较浅的湖库和河流富营养化问题讨论中，河流底泥作为内源污染物，其污染负荷量对水生态环境有着重大的影响。底泥中的营养物质会通过分子扩散和梯度浓度扩散的方式释放到水体，还会受水环境的变化、水体的扰动的影响而释放。此时，底泥的主要角色是内源污染源。但在水体中污染物浓度较高的情况下，水体中的污染物会反向进入底泥中形成富集、吸附的现象，这时底泥的主要角色是污染物的"受纳场所"（杨龙元等，2007）。

1）底泥对氨氮的吸附-解吸作用

氮作为地球上最为主要的元素之一，其在生物体内和底泥生态系统中主要以有机氮的形式存在，有机氮在矿化作用下可分解为氨氮。当水体氨氮浓度较低时底泥中的氨氮会向水体释放，底池充当一个释放者的角色；反之，当水体氨氮浓度较高时，水体的氨氮就会反向汇集在底泥中，底泥充当一个受纳者的角色进行吸附。将各河流以及湖库的底泥对氮的吸附量与不同浓度的上覆液进行线性回归，发现底泥对于氮的吸附-解吸具有一个平衡常数。

2）底泥对磷的吸附-解吸作用

在水环境中，磷是导致水体富营养化的一个重要原因，在有效控制了外源污染后，控制河流底泥中磷的释放所造成的"二次污染"是控制河流富营养化的关键。在水体中磷以元素磷、有机磷、磷酸盐、溶解性无机磷（dissolved inorganic phosphorus，DIP）等方式存在，其中 DIP 能够很快地被水生动植物吸收，因此分析底泥中 DIP 的情况对了解河流的污染情况有着重要的意义。底泥对于磷的吸附-解吸也具有一个平衡常数。

# 第 3 章　污染控制技术

## 3.1　外源污染控制技术

外源污染控制通过改变生产和消费方式减少污染物的产生以及建设相关处理设施来减少排入湖库的污染物种类和数量，其主要分为点源污染控制和非点源（面源）污染控制。点源污染是集中在一点或一个小区域内的污染源，排放污染物的种类、浓度、时间相对稳定。由于污染物集中在小范围内高强度排放，对排放口周边水域影响较大。面源污染主要来自旱季地表、屋面的污染，在降雨期径流的冲刷作用下，经雨水管道进入水体，导致水体污染。点源污染控制主要从生活污水处理、工业废水处理等方面对污染物进行削减。非点源污染控制主要从前置库技术、污染物源头控制、污染物迁移转化控制和污染物净化工程等方面对污染物进行削减。

### 3.1.1　生活污水处理技术

我国城镇、农村居民生活质量在近年来得到了有效提升，生活污水的排放量也随之增加。生活污水主要来源于人们日常生活，污染程度较高，如果处理不当，容易对城镇、农村以及周围水体造成极大的影响，可能污染水源，造成河湖富营养化，影响水生生物生存环境，进而使得水源变脏变臭。若生活废水直接排入地下，会对土壤以及地下水造成极大影响。因此，对生活污水的有效合理处置就变得十分重要，相关处理技术得到了广泛的关注和研究。常规的生活污水处理技术和工艺包括化粪池、污水净化沼气池、普通曝气池、序批式生物反应器、氧化沟、生物接触氧化池、人工湿地和生态塘等。根据受纳水体功能要求，结合城镇和农村经济状况、基础设施和自然条件，需选择合适的技术进行生活污水处理。

1. 预处理技术

农村生活污水来源广且分散，建议全面推行雨污分流，提高对雨水的利用，减少污水总量。将雨水通过管道或排水沟进行分流，接入水生态系统进行自然水体净化或部分收集起来用于灌溉农田。对于农村生活污水的收集和预处理，建议充分发挥化粪池或坑塘的作用，对污水进行收集的同时还通过微生物作用去除部分有机质，发酵液或废液可用于农作物的灌溉、施肥。城市污水处理可以分为集中式污水处理和分散式污水处理两大类，预处理的手段主要包括格栅、筛网、沉砂池、砂水分离器等处理设施。某些工业废水除经过上述预处理手段外，还需结合其特性进行水质水量调节及一些针对性的预处理，如中和、捞毛、预沉、预曝气等。

1) 预处理技术的类型及原理

在污水处理中预处理技术是必不可少的一道工序，经过预处理的污水通常能达到去除部分悬浮物质和部分污染物，均衡污水的水质、水量等效果。常见的预处理方法有混凝法、沉淀法和过滤法。针对特殊水质的污水预处理技术有气浮法、吸附法等。

（1）混凝法。混凝一般由凝聚和絮凝两个过程组成。凝聚主要是指胶体被压缩双电层后脱稳的过程；絮凝主要是指胶体脱稳后凝结成大颗粒絮体的过程。混凝机理主要有：①双电层压缩机理。向溶液中投加电解质后，溶液离子浓度增高，扩散层的厚度减小，Zeta 电位降低。这一结果导致两个胶粒互相接近时，它们之间的排斥力减小，胶粒得以迅速凝聚。②吸附电中和作用机理。胶粒表面对带异号电荷的部位有强烈的吸附作用，这一吸附作用中和了它的部分电荷，减少了静电斥力，导致其容易与其他颗粒接近而互相吸附。③吸附架桥作用机理。虽然高分子物质与胶粒相互吸附，但胶粒与胶粒本身并不直接接触，只是使胶粒凝聚为更大的絮凝体。④沉淀物网捕机理。当金属盐或金属氧化物和氢氧化物作混凝剂，投加量大得足以迅速形成金属氢氧化物或金属碳酸盐沉淀物时，在沉淀过程中可以网捕水中的胶粒（陈静叶，2014）。

（2）沉淀法。沉淀法是指利用密度比水大就会自然下沉的原理去除污水中污染物的方法。污水处理的沉淀装置主要有沉砂池和沉淀池。沉砂池以沉淀无机固体为主，沉淀池以沉淀有机固体为主。一般沉砂池设在泵站、倒虹管前，以减轻管道的磨损，也可设在初沉池前，以减轻沉淀池负荷。常用的沉砂池有平流沉砂池、竖流沉砂池、曝气沉砂池、钟式沉砂池和多尔沉砂池等。

（3）过滤法。过滤法是利用一些多孔介质使水中不溶解的固体分离出来的过程。这些过滤介质允许水通过并对固体颗粒起到筛分截留的作用。在废水预处理过程中常用的过滤设备有格栅、筛网等。格栅可分为平面格栅和曲面格栅，主要用于拦截污水中较大的悬浮物。通常倾斜设在提升泵房或其他处理构筑物前，防止大块漂浮物堵塞管道、闸门或损坏水泵。按栅条间距不同可分为细、中、粗三种。栅条断面形状有圆形、矩形、正方形和带半圆的矩形四种，矩形是使用较多的形式。其中圆形栅条的水流阻力小，水利条件好但刚度差，其他断面栅条则相反，刚度大不易弯曲，但水利损失大。筛网通常用金属丝或化学纤维编织而成，其形式有转鼓式、转盘式、固定式倾斜筛等。筛孔尺寸可根据具体水质设置，一般为 0.15～1.0 mm。主要用于去除格栅无法拦截的小尺寸杂物，包括羊毛、化学纤维、纸浆等，防止堵塞管道或破坏水泵正常工作。它具有简单高效、占地面积小、运行费用低、维修方便等特点。

（4）气浮法与吸附法。在污水处理中也常选用一些物理化学方法和简单的化工操作来处理污水中的杂质。它们的处理对象主要是污水中难以被生物降解的物质和胶体物质，常用的方法有气浮法和吸附法。气浮法是通过向水中通入或通过某种方法产生大量气泡，使其与污水中的悬浮物黏附在一起，在浮力的作用下漂浮至水面形成浮渣从而实现固液分离。吸附法是指在污水处理过程中利用一些具有吸附能力的物质去除微溶性杂质的一种方法。根据固体表面吸附力的不同可以分为物理吸附、化学吸附两类。

2) 预处理技术的特点

预处理技术的特点包括：①絮凝体成型快，活性好，过滤性好；②不需加碱性助剂，如遇潮解，其效果不变；③适应 pH 范围宽，适应性强，用途广泛；④处理过的水中盐分少；⑤能去除重金属及放射性物质对水的污染；⑥有效成分高，便于储存、运输。

3）预处理技术的应用

《2018 中国卫生健康统计年鉴》数据显示，三格化粪池厕所模式在全国农村改厕中占比最大，推行三格化粪池后接土地处理技术。土壤内部微生物及表层种植的经济作物均能有效去除污水中的氮磷及有机污染物，这是对生活污水无害化处理和资源化利用的重要途径之一。"厕所＋三格化粪池＋庭院消纳＋菜园经济"模式示意图如图 3-1 所示。

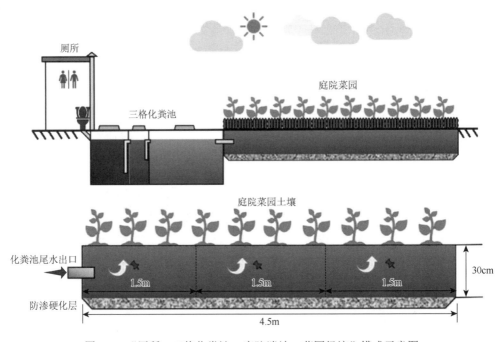

图 3-1　"厕所＋三格化粪池＋庭院消纳＋菜园经济"模式示意图

有学者对化粪池工艺进行改进，整个工艺流程为分离池—腐化池—酸化池—氧化池—排放。该工艺具有无动力、低能耗、占地面积小、出水水质好等优点，其缺点为清掏困难、容易产生恶臭气体和堵塞管道。四川省排水主管部门建议用格栅沉砂池代替化粪池，以在不影响污水可生化性的前提下，达到清除杂物和防止堵塞市政管网的目的，村民门口附近的坑塘通过简单的改造就能变成格栅沉砂池。对格栅沉砂池预处理装置的改进，可以起到提高去除效果，降低建设成本的作用。

2. 生物处理技术

1）生物处理技术的概念及原理

生物处理技术是指在微生物的代谢作用下将污水中溶解态或胶体态的有机污染物转化为稳定的无害物质的技术。针对废水中的有机物种类，筛选合适的微生物，在一个有利于其生长的环境中，通过其自身的新陈代谢，吸收废水中的有机物转化为简单无害的无机物，从而达到净化废水的目的。

2）生物处理技术的分类及应用

生物处理技术主要包括厌氧处理和好氧处理两大类。

（1）厌氧生物处理技术是在厌氧的条件下，利用厌氧微生物的生理作用对水体中的污染物进行处理。有学者将厌氧生化反应与生物滤池相结合，组成厌氧生物滤池，在充分发挥生物滤池截留过滤作用的同时保证厌氧菌长期停留在滤池中，进而避免因生物膜过度生长而导致的频繁反冲洗问题。这一结合使得整个工艺的能耗减少，操作更加简便，处理能力得到提升。但是滤料容易堵塞，更换费用较高，整个反应体系容易受到进水悬浮固体浓度的影响。图 3-2 为厌氧生物滤池中试装置示意图。

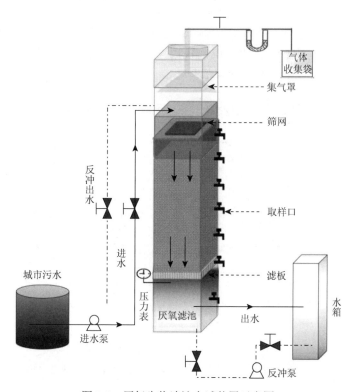

图 3-2　厌氧生物滤池中试装置示意图

（2）好氧生物处理技术是在有氧条件下，利用好氧微生物对污染物进行处理的方法，其去除率可达到 90% 以上，出水水质较好，处理成本偏高。常见的好氧工艺有生物转鼓、生物转盘、氧化沟等。

生物处理过程本身是一个复杂的过程，有时候不仅仅是好氧或厌氧处理单一的过程，还需要将两者结合起来，发挥更大的作用，提高去污能力。

3. 生态处理技术

生态处理技术是指有效地利用生物链来处理自然界的污染物或者污染源，既达到生态平衡作用，又达到净化环保作用的污染物处理技术。

目前常用的生态处理技术有人工湿地、地下渗滤、人工快渗、生态塘等。

（1）人工湿地是指在土壤和填料组成的主体上种植水生植物而构成一个生态系统，其水流的流向得到了专业的规划。污水沿着规划的方向流动，并在这一过程中受到土壤、人工介质、植物、微生物的协调净化处理，其作用机理包括吸附、过滤、氧化还原、沉淀、微生物分解、养分吸收及各类动植物作用等。

（2）地下渗滤是指将污水有控制地投配到距地面 0.5 m 深、有良好渗透性的土层中，使污水在土壤的毛细管浸润和渗滤作用下，向周围扩散从而达到净化目的。

（3）人工快渗是指采用人工填充的渗透性能良好的天然介质作为主要渗滤材料代替天然土层，实现快速渗滤、净化水质的作用。

（4）生态塘也称为深度处理塘，主要是利用水体自然净化能力来处理污水。借助菌藻共生强化系统去除有机物，以种植或养殖水生植物和水产、水禽的形式进行资源回收，净化的污水也可作为再生水资源进行回收利用，实现污水处理资源化。

不同生态处理技术处理生活污水优缺点如表 3-1 所示。

表 3-1　不同生态处理技术处理生活污水优缺点

| 技术 | 人工湿地 | 地下渗滤 | 人工快渗 | 生态塘 |
|---|---|---|---|---|
| 优点 | 净化效果好，工艺设备简单，管理方便，工程基建和运行费用低，生态环境效益显著 | 无损地面景观，受天气影响小，运行管理简单，氮磷去除能力强。出水水质好，可回用 | 耗能少，工艺简单，费用低，处理效果好，出水可直接灌溉农田，不受外界气温影响，无臭味，不滋生蚊蝇 | 基建投资和运行费用低，维护简单，便于操作，有效去除有机物污染和病原体，无须污泥处理 |
| 缺点 | 占地面积大，易受外界影响大，需要控制蚊蝇 | 负荷不易控制，易发生堵塞，防渗不当会导致地下水污染，投资相对较高 | 要求控制条件多，目前针对 TN 去除差 | 设计和运行参数需要进一步研究，因地制宜 |

### 4. 生活污水组合处理工艺

在生活污水处理中，单一技术往往具有局限性，需要将多种技术进行合理的搭配组合。常用的组合方式有以下 4 种："厌氧 + 生态"工艺、"好氧 + 生态"工艺、"厌氧 + 好氧"工艺和"厌氧 + 好氧 + 生态"工艺，图 3-3 为一种典型"厌氧 + 好氧 + 生态"工艺的示意图，我国部分农村生活污水处理示范工程运行情况如表 3-2 所示。

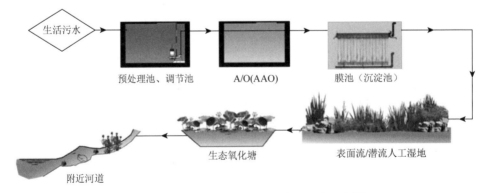

图 3-3　典型"厌氧 + 好氧 + 生态"工艺示意图

A/O 是缺氧/好氧（anoxic/oxic）工艺或厌氧/好氧（anaerobic/oxic）工艺的简称；
AAO 是厌氧-缺氧-好氧（anaerobic-anoxic-oxic）工艺的简称

表 3-2　我国部分农村生活污水处理示范工程运行情况

| 地点 | 采用技术 | 指标 | 进水浓度/(mg/L) | 去除率/% | 出水水质排放级别 |
|---|---|---|---|---|---|
| 宁波市鄞州区山下村 | 厌氧-人工潜流湿地 | COD | 300~500 | 71.7 | II 级 |
| | | NH$_3$-N | 50 | 73.8 | |
| | | TP | 5~8 | 88.2 | |
| 杭州市余杭区前溪村 | 化粪池/强化厌氧池-生态滤池-亚表层促渗 | COD | 350 | 89 | I 级 A |
| | | NH$_3$-N | 50 | 90 | |
| | | TP | 4 | 90 | |
| 杭州市余杭区漕桥村 | 接触氧化-生态过滤 | COD | 350 | 89 | I 级 A |
| | | NH$_3$-N | 40 | 95 | |
| | | TP | 4 | 90 | |
| 北京市通州区草厂村 | 厌氧-好氧-砂滤 | COD | 108 | 79.6 | I 级 A |
| | | NH$_3$-N | 34.1 | 80.7 | |
| | | TP | 3.28 | 80.85 | |
| 北京市怀柔区四渡河村 | 缺氧池-好氧池-BAF | COD | 309 | 90.82 | I 级 A |
| | | NH$_3$-N | 39.2 | 98.21 | |
| | | TP | 3.59 | 89.14 | |
| 南京市江宁区石埝村 | 厌氧滤池-氧化塘-植物生态渠 | COD | 314 | 78.18 | II 级 |
| | | NH$_3$-N | 65.1 | 57.6 | |
| | | TP | 5.23 | 65.2 | |

注：出水水质排放标准参考《城镇污水处理厂污染物排放标准》（GB 18918—2002）。

5. 污水处理技术应用

在污水处理技术的应用过程中，不仅要弄清技术原理，合理搭配，还需要做好设计规划，将各个处理单元有效地结合起来，发挥最大的作用。首先要优化污水处理总图，以排水点作为设计基准，合理设计规划减少后续变更。其次要优化污水处理细格设计，提高杂质清除能力，降低水源的损失，加强水资源节约。再次要提升污水处理提升泵房设计，事先做好调研，以把握进污水量的规律，通过合理泵房和流量组合来使泵房水平优化。最后要优化污水处理曝气池的设计，结合污水的理化性质，筛选合适的曝气方式，适时调节风量，以最小的风量实现最大的污水处理效率，节约能源（季楠楠，2020）。

## 3.1.2　工业废水处理技术

工业废水包括生产废水、生产污水及冷却水，是指工业生产过程中产生的废水和废液，其中含有随水流失的工业生产用料、中间产物、副产品以及生产过程中产生的污染物。由于工业废水特征排放量大、组成复杂和污染严重，因此，相较于生活污水处理技术，工业废水处理技术会更为复杂。一般工业废水的处理技术有多效蒸发结晶技术、生物法、序批式活性污泥法（sequencing batch reactor activated sludge process，SBR）、序批式生物膜反应器（sequencing biofilm batch reactor，SBBR）、电解工艺、离子交换工艺、膜分离技术、铁碳微电解处理技术、Fenton 及类 Fenton 氧化法、臭氧氧化法、磁分离技术、光化学催化氧化、超临界水氧化技术、湿式氧化（wet air oxidation，WAO）等。本节中工业废水处理技术主要针对 SBR、SBBR、臭氧氧化、WAO 这几项技术进行详细的阐述。

1. SBR 工艺

1）定义及原理

SBR 工艺的主要特征是采用间歇式运行方式使得反应池一批一批地处理污水。因为每个反应池都兼有曝气池和二沉池作用，所以不额外修建二沉池和污泥回流段，一般也不需要水质或水量调节池。

SBR 污水处理工艺的整个处理过程实际上是在一个反应器内控制运行的。污水进入该反应池后按顺序进行不同的处理。一般来说，SBR 工艺反应池的一个控制运行周期包括 5 个阶段。

第一阶段：进水期。污水在该时段内连续进入反应池内，直到达到最高运行液位。

第二阶段：曝气充氧期。在该期内不进水也不排水，但开启曝气系统为反应池曝气，使池内污染物质进行生化分解。

第三阶段：沉淀期。在该时段内不进水也不排水，反应池进入静沉淀状态，进行高效泥水分离。

第四阶段：排水期。在该期内将分离出的上清液排出。

第五阶段：空载排泥期。该反应池不进水，只有沉淀分离出的活性污泥其中一部分按要求作为剩余污泥排放，另一部分作为菌种留在池内，做好进入第一阶段工作的准备。其结构模型和工艺流程如图 3-4 和图 3-5 所示。

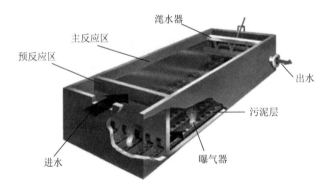

图 3-4　SBR 反应器结构模型图

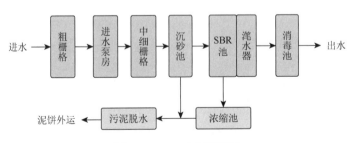

图 3-5　SBR 工艺流程图

　　SBR 工艺在运行时，5 个工序的运行时间，反应器内混合液的体积、浓度及运行状态等都可根据污水性质、出水质量与运行功能要求灵活掌握。曝气方式可采用鼓风曝气或机械曝气。

　　2）工艺优势

　　（1）抗冲击负荷能力强。因为进水流量可以调节，可通过控制水的处理时间来应对进水水质的变化，保证达标排放。

　　（2）可实现脱氮除磷运行工艺，对污泥膨胀抑制效果好。通过调节运行方式，可以实现好氧、缺氧或厌氧状态的交替出现。这种交替可以促进反硝化细菌和聚磷菌的活动，实现脱氮除磷的目的。通过精心设计的运行策略和对环境条件的控制，能够有效地去除污水中的氮和磷，同时抑制污泥膨胀，提高污水处理的效率和质量。

　　（3）运行方式灵活，出水水质水量有保证。因为是组合多个反应池运行，即使其中一个反应池不能运转，也不会影响其他反应池的运转。

　　（4）沉淀效果好。因为在沉淀阶段，不进水，也不曝气，还可保证沉淀所需的时间，达到了理想的静态沉淀状态。

　　（5）SBR 工艺构筑物（设施）简单，投资小、占地少、维护量小、运行成本低。占地面积比普通活性污泥法可减少 1/3～1/2，基建投资可节约 20%～40%，运行中可根据进水水质调节曝气量，运行成本低。

　　（6）自动化程度高，操作管理简单。SBR 工艺的反应池内的诸多设备仪表都是用计算机控制，能简化管理，甚至可实现无人操作（魏烈和侯永兴，2021）。

　　3）适用范围

　　SBR 适用于建设规模为Ⅲ、Ⅳ、Ⅴ类的污水处理厂和中、小型废水处理站，适合于间歇排放废水或者废水流量变化比较大的地方。由于 SBR 系统出水水质有保障和系统占地面积小的特点，该系统还适用于一些水资源和土地资源较为紧缺的地区。

　　4）限制因素

　　（1）间歇周期运行，对自控要求高。

　　（2）变水位运行，电耗增大。

　　（3）脱氮除磷效率不太高。

　　（4）污泥稳定性不如厌氧硝化好。

　　2. SBBR 工艺

　　1）定义及原理

　　SBBR 工艺是一种将膜分离技术与生物技术有机结合的新型水处理技术，其通过膜分离技术大大强化了生物反应器的功能，使活性污泥浓度大大提高，其水力停留时间（hydraulic retention time，HRT）和污泥停留时间（sludge retention time，SRT）可以分别控制。

　　在传统的污水生物处理技术中，泥水分离是在二沉池中靠重力作用完成的，其分离效率依赖于活性污泥的沉降性能，沉降性越好，泥水分离效率越高。而 SBBR 工艺利用膜分离设备可以将生化反应池中的活性污泥和大分子有机物截留住，从而省掉二沉池，还大大提高了固液分离效率，并且由于曝气池中活性污泥浓度的增大和污泥中特效菌（特别是优势菌群）的出现，提高了生化反应速率。同时，通过降低 F/M 比减少剩余污泥产生量（甚至为零），从而基本解决了传统活性污泥法存在的许多突出问题。

2）工艺分类

按反应类型可以分为曝气膜-生物反应器、萃取膜-生物反应器、固液分离型膜-生物反应器。按膜的结构型式可分为平板型、管型、螺旋型及中空纤维型等。根据膜组件与生物反应器的组合方式，可分为分置式、一体式、复合式三种，这三种都有着各自的特点。

（1）分置式工艺的特点是膜组件和生物反应器分开设置。生物反应器中的混合液经循环泵增压后打至膜组件的过滤端，在压力作用下达到净化的目的。

（2）一体式工艺的特点是膜组件置于生物反应器内部，进水进入膜-生物反应器，混合液中的活性污泥去除水中的大部分污染物，经膜过滤后出水。

（3）复合式工艺的特点是在生物反应器内加装填料，从而形成复合式膜-生物反应器，改变反应器的某些性质。

3）工艺优越性

高效的固液分离，出水水质优质稳定；剩余污泥产量少；占地面积小，无须二沉池，工艺设备集中；可去除氨氮及难降解有机物；克服了传统活性污泥法易发生污泥膨胀的弊端；操作管理方便，易于实现自动控制。

4）工艺不足之处

（1）投资大：膜组件的造价高，导致工程的投资比常规处理方法增加30%～50%。

（2）能耗高：泥水分离的膜驱动压力；高强度曝气；为减轻膜污染需增大流速。

（3）膜污染需要清洗。

（4）膜的寿命及更换，导致运行成本高。膜组件一般使用寿命在5年左右，到期需更换。

5）工艺流程及应用

SBBR工艺在处理工业废水时的工艺流程及具体应用如图3-6和图3-7所示。

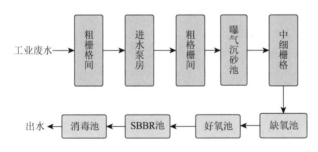

图 3-6　SBBR 处理工业废水时的工艺流程

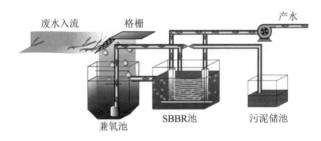

图 3-7　SBBR 工艺应用

3. 臭氧氧化技术

臭氧，化学式为 $O_3$，又称三原子氧、超氧，因具有鱼腥味的臭味而得名臭氧，在常温下可以自行还原为氧气。比重比氧大，易溶于水，易分解。由于臭氧由氧分子携带一个氧原子构成，决定了它只是一种暂存状态，携带的氧原子除氧化用掉外，剩余的又组合为氧气进入稳定状态，所以臭氧没有二次污染。

20 世纪末，随着高频高压电晕放电的应用，$O_3$ 相关技术应用及产业规模快速发展。目前，臭氧氧化技术早已成为水处理领域中极具发展及应用前景的技术。

1）基本原理

臭氧在化学性质上呈强氧化性，氧化能力仅次于氟、羟基自由基和原子氧，其氧化能力是单质氯的 1.52 倍。在水溶液中，臭氧与抗生素分子的反应机理主要有臭氧直接氧化和自由基间接氧化反应两种。臭氧有很好的快速杀菌、消毒性能和极高的氧化有机、无机化合物的氧化力，是水处理工艺中一种良好的处理手段。由 $O_3$ 的电子结构可知，$O_3$ 既可亲电，也可亲核，臭氧两端的氧原子还可发生环加成反应。因此，臭氧直接氧化机理可分为亲电反应、亲核反应以及加成反应。$O_3$ 直接氧化存在选择性，面对饱和脂肪族等有机物，$O_3$ 难以直接将其氧化。此外，由于 $O_3$ 性质不稳定，会自行在如式（3-1）所示的过程中分解并释放出热量：

$$O_3 \longrightarrow 1.5O_2 + 144.45 \text{ kJ} \tag{3-1}$$

2）影响因素

臭氧氧化主要受 pH、温度、$O_3$ 投加量和投加方式、淬灭剂的加入等因素的影响。由反应原理可知：

（1）pH 影响 $O_3$ 与污染物的反应机制及反应动力学。酸性条件下 $O_3$ 与污染物的反应以直接氧化为主，反应速率常数 $k$ 为 101～102 mol/(L·s)，当 pH<4 时，间接氧化作用可忽略不计；而在碱性条件下，以间接氧化为主，$k$ 为 106～109 mol/(L·s)。

（2）温度影响 $O_3$ 在水体中的溶解度、稳定性及反应速率。升温会致溶解度下降并加快 $O_3$ 分解，但同时有利于提高反应的速率。$O_3$ 投加量直接影响污染物的降解效果。一般而言，增大 $O_3$ 投加量，污染物去除率会逐渐提高，但随着 $O_3$ 投加量的增加其增幅逐渐减小，故 $O_3$ 投加量存在一个效果与经济均较佳的范围，因此要根据反应体系条件、处理目标、处理对象等确定。另外，还需要考虑溴酸盐、甲醛等臭氧化副产物的生成问题。

（3）投加方式影响传质过程。常见的投加方式有预投加、中间投加等。研究表明，多点布气和增加布气点数有助于 $O_3$ 传质，但当布气点数多于 3 个点时，传质效率无明显提高，并容易导致出水 $O_3$ 浓度过高。介质自由基淬灭剂，如 $CO_3^{2-}$、$HCO_3^-$、$Cl^-$ 等会与污染物分子形成竞争，降低氧化效率。在实际应用中，可以通过加强预处理减少淬灭剂含量。

3）优缺点

（1）优点：臭氧氧化技术的独特优势在于兼具消毒、脱色除臭的效果，且反应完全、速度快、占地小。通过破坏致病菌的代谢酶、遗传物质或细胞膜的通透性等将微生物杀灭，其杀菌能力优于氯消毒。此外，$O_3$ 可破坏碳氮双键、偶氮等发色或助色基团，还能氧化去除氨、硫化氢、甲硫醇等恶臭气体；未反应完的 $O_3$ 会自行分解并增加水体中的溶解氧，不会产生二次污染；曝气有搅拌作用，可均匀物料、强化传质效果。$O_3$ 在提高净化效果、杀菌、消毒的同时，可除嗅、除味，运行操作管理简单。

（2）缺点：该技术面临的困境主要体现在 $O_3$ 产量低且利用率低，产生对环境健康有潜在威胁的臭氧化副产物，另造成设备腐蚀等（叶国杰等，2020）。

4）工艺流程

20 世纪末，臭氧的工业应用非常普遍，广泛应用于饮用水处理、污水处理、纸浆漂白、中间体合成、纺织脱色、香料合成、废旧轮胎处理、疾病治疗、仓储运输等领域。图 3-8 为臭氧氧化污水工艺图。

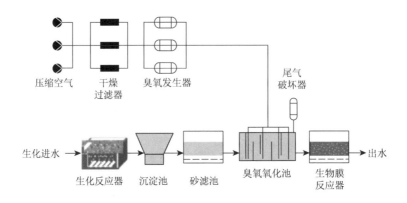

图 3-8　臭氧氧化污水工艺图

## 4. WAO 工艺

1）概述

WAO 技术是一种新型的有机废水处理方法。该方法是在高温高压的条件下，在液相中利用氧气将有机污染物氧化成低毒或无毒物质。从反应过程上来说，WAO 反应可分为受氧的传质控制和受反应动力学控制两个阶段。其中，温度是影响整个 WAO 过程的关键因素。压力的主要作用是使氧的分压保持在一定的范围内，以保证液相中较高的溶解氧浓度。

WAO 技术的特点是应用范围广，几乎可以无选择地有效氧化各类高浓度有机废水，处理效果好，在合适的温度和压力条件下，COD 处理率可达 90% 以上。同时，它对有机污染物的氧化速率快，一般只需 30～60 min。除此之外，WAO 技术还具有二次污染少的特点。WAO 技术在石化废碱液、烯烃生产洗涤液、丙烯腈生产废水及农药生产等工业废水的处理中均有所应用。但 WAO 在实际应用中仍存在一定的局限性。为了提高处理效率和降低处理费用，有专家以 WAO 为基础衍生出了使用高效、稳定的催化剂的 WAO 技术，即催化湿式氧化（catalytic wet oxidation，CWO）技术。图 3-9 为化工医药废水能量自持催化湿式氧化工艺图。

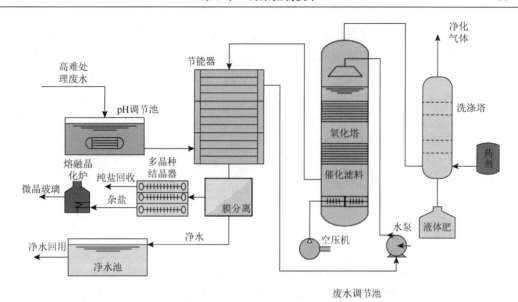

图 3-9　化工医药废水能量自持催化湿式氧化工艺图

2）反应原理

WAO 过程比较复杂，一般认为有两个主要步骤：气体中的氧从气相向液相的传质过程；溶解氧与基质之间的化学反应。若传质过程影响整体反应速率，可以通过加强搅拌来消除。

WAO 去除有机物所发生的氧化反应主要属于自由基反应，共经历诱导期、增殖期、退化期以及结束期 4 个阶段。在诱导期和增殖期，分子态氧参与了各种自由基的形成。但也有学者认为分子态氧参与自由基的形成只发生在增殖期。

3）WAO 局限性

（1）WAO 一般在高温高压的条件下进行，反应过程中会产生有机酸，因此设备材料需要耐高温、高压和耐腐蚀，进而导致设备费用大，系统的一次性投资成本高。

（2）WAO 反应仅适用于小流量高浓度的废水处理，处理低浓度大水量的废水会导致成本过高，性价比低。

（3）即使在高温条件下，对某些有机物，如多氯联苯、小分子羧酸的去除效果也不理想，难以做到完全氧化。

（4）反应过程中可能会产生毒性极强的中间产物。

（5）由于反应器属于压力容器，操作不当极易造成安全事故。

4）发展及案例

近年来，人们对传统的 WAO 技术不断加以改进，如使用高效、稳定的催化剂的催化湿式氧化技术、加入强氧化剂（如 $H_2O_2$ 和 $O_3$ 等）的 WAO 技术和利用超临界水的良好特性来加速反应进程的超临界水 WAO 技术，极大地改善了 WAO 的工作条件和降解效率，使 WAO 技术更具实用性和经济性。WAO 技术和催化湿式氧化工艺在处理活性污泥、酿酒蒸发废水、造纸黑色废水、含氰及腈废水、活性炭再生利用、煤氧化脱硫工艺、农药等工业废水等方面都有重要的用途。

用 WAO 技术处理含有机磷和有机硫农药的废水,在 180~230℃、7~15 MPa 下,使有机硫转化为 $H_2SO_4$、有机磷转化为 $H_3PO_4$;当反应温度为 204~316℃时,包括碳氢化合物和氧化物在内的多种化合物的分解率均接近 99%。对于难氧化的氯化物,如多氯联苯、滴滴涕和五氯苯酚等,使用混合催化剂进行 WAO 技术处理,其去除率可达 85%以上。用于处理造纸黑液,其工作条件是控制反应温度为 150~350℃,压力为 5~20 MPa,处理后废水 COD 去除率可达 90%以上。

### 3.1.3 前置库技术

#### 1. 定义和功能

前置库技术是根据水库形态将水库分为一个或若干个子库与主库相连,通过延长水力停留时间促进水中泥沙及营养盐的沉淀,同时利用子库中的大型水生植物、微生物、藻类、鱼类等进一步吸收、吸附、拦截营养盐,从而降低进入下一级子库或主库水体中的营养盐含量,抑制主库中藻类过度繁殖,减缓富营养化进程,改善水质的污染控制技术。按照整体规划、因地制宜、最小干预、防洪安全、经济可行和本土物种原则对前置库进行相关设计,进而达到一定的水质要求,前置库系统及其各单元主要功能如图 3-10 所示。

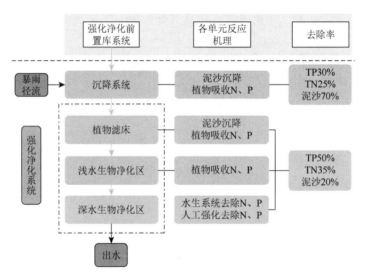

图 3-10 前置库系统及其各单元主要功能

对于农村饮用水水源,在其入库支流处,利用流入水源的河道、沟渠、水塘、洼地等,修建一定规模的小型水域作为前置库,以增加径流的水力停留时间。对于水库、湖泊、河流的水质净化,主要在入库前、入湖前、入河道前设置前置库系统或形成“库中库”“湖中库”调控模式。前置库水生态修复技术具有结构简单、施工方便、资金投入少、运行管理成本低等特点,适合在水库及河道附近建设和运行;其实施能够有效控制上游营养盐入库,减轻对下游水库的污染负荷,特别是减少水体的氨氮、总磷等营养盐的负荷，进而达到水质改善的目的。前置库在确保正常运行，发挥其净化水质、控制面源污染作用的同时，还应做好水生植物的维护。前置库作为一项水利工程，应聘请专业维护单位加强管理运行维护，进水量的多少、水力停留时间的长短及污染物的浓度都会影响前置库的处理效果。针对面源污染严重的沟渠和水塘，往往采用生态河道技术、人工湿地技术、生物操纵与水生生物净化技术等前置库技术，通过物理沉降、吸附、化学反应以及生物吸收和微生物降解作用，去除村镇地表径流以及其他未处理的污染源中 N、P 营养盐，悬浮固体和有机污染物，减少入湖入河污染负荷（谢尚宏和杨军，2021）。

2. 结构和特点

前置库系统包括 5 个子系统，即地表径流收集与调节子系统、沉降与拦截子系统、生态透水坝及砾石床强化净化子系统、生态库塘强化净化子系统、导流与回用子系统（图 3-11）。

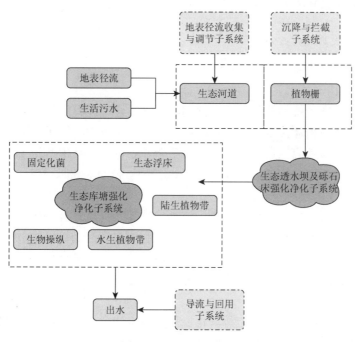

图 3-11　前置库系统结构

农田、村镇地表径流和散落的未经处理的生活污水等汇入河道后，经由生态河道子系统进行收集和调节，随后经由沉降与拦截子系统进行污染物质的初步沉降与拦截并对水量进行调蓄；再经透水坝及砾石床，以渗流方式过水，保持坝前坝后的水位差，进行污染物的初步去除；然后进入生态库塘，对水体进一步净化处理，处理后的水质得到明显改善，回用于农田与鱼塘。

（1）地表径流收集与调节子系统。利用现有沟渠适当改造，结合生态沟渠技术，收集地表径流并进行调蓄，对地表径流中的污染物利用物理沉降、吸附作用进行初步处理。

（2）沉降与拦截子系统。对生态库塘入口的沟渠河床进行改造，构建生态河床，通过种植大型水生植物构建生物格栅；利用物理沉降、吸附作用、生物吸收和微生物降解作用，既对地表径流中的颗粒物、泥沙等进行拦截、沉淀处理，又去除地表径流中的氮磷以及其他有机污染物。

（3）生态透水坝及砾石床强化净化子系统。利用砾石构筑生态透水坝，保持调节系统与库区水位差，透水坝以渗流方式过水。砾石床位于生态透水坝后，在砾石床种植的植物、砾石孔隙与植物根系周围的微生物共同作用下，利用吸附作用、生物的吸收和微生物降解高效去除氮磷及有机污染物。

（4）生态库塘强化净化子系统。利用具有高效净化作用的生物浮床，水生生物系统、固定化脱氮除磷微生物和陆生植物拦截带等，充分发挥物理沉降、吸附、化学反应以及生物吸收和微生物降解作用，进一步去除水体中氮磷等污染物。

（5）导流与回用子系统。暴雨时可防止前置库系统暴溢；初期雨水引入前置库后，后期雨水通过导流系统流出，处理后的出水经回用系统可进行综合利用。

### 3. 前置库系统的关键技术

以下列出了常用的几类前置库系统关键技术。

#### 1）生态河道构建技术

在保障河道生态系统结构和功能正常的前提下，合理配置陆生植物、水生植物和动物等，形成生态河道构建技术。该技术既能充分发挥系统中各因子去除污染物的作用，又能发挥系统的整体效应，还能维持系统的平衡和稳定。该技术适用于河道的生态建设及水体净化，对悬浮物、总磷、总氮的去除率分别达80%、25%、30%以上。

#### 2）生物河床净化技术

该技术采用竹架、竹篓、弹性材料，植物、蚌等，构建复合立体生物浮床，适用于前置库深水区域、透明度较低水域的水体净化。利用水生植物对水体中氮磷等营养物质的吸收，植物根系微生物、弹性材料生物膜、螺蚌等动物的净化作用，达到改善水质的目的，对总氮的去除率可达45%，总磷的去除率可达40%。

#### 3）生物操纵技术

生物操纵技术是利用水生植物和草食性鱼类将水体中的营养盐和污染物转移的一种技术。在网箱中养殖草食性鱼类，在库区培植生长旺盛、繁殖力强、鱼类喜食的水生植物，利用水生植物去除营养盐和有机物质，利用草食性鱼类摄食水生植物，再通过捕捞鱼类把氮磷等营养盐和有机物转移出水体，使水体中的水生植物生长达到一种平衡状态。这一技术既能充分利用水生植物对氮磷和有机污染物的净化作用，又能控制住水生生物的过度生长，防止水体被二次污染，保证生态工程的长效运行。

#### 4）生态透水坝构建技术

生态透水坝是采用人工湿地的原理，用砾石在河道中适当位置人工垒筑坝体，抬高上游水位，通过控制上下游水位差调节坝体的过水流量，该技术适用于没有落差的平原河网地区。在坝体上种植高效的脱氮除磷植物，通过植物的根系及砾石吸附、微生物作用去除氮磷，对总氮和总磷的去除率均可达15%以上。

5）前置库运行调控技术

针对不同降水径流情况下水流流动过程、上下游水位变化，建立调控的数学模型，调控处理过程与运行效果，优化运行过程，保证处理效果，充分发挥各子系统的作用。

4. 前置库技术的应用

（1）在平原河网地区，可因地制宜利用天然塘池、洼地、河道构建前置库面源污染控制系统；在有一定地势差的丘陵山区，可利用天然的地势差来抬高水位，促进水体流动，降低构建前置库系统的难度，可通过构筑以生态库塘为主，结合生态河道，湿地处理系统建立前置库处理系统。

（2）充分利用所有可利用的沟渠，对面源的汇集口到主体库区进行全过程处理。

（3）充分发挥平原河网地区现有闸站的调控作用，在不影响河道的防洪排涝功能的前提下，有效汇集、调蓄地表径流，并对其进行深度处理。

（4）将面源污染控制与综合利用、处理系统和生产系统进行有机结合，促进前置库技术的长效运行管理，解决生物处理技术中常见的二次污染问题。在工程植物的筛选上，以水生蔬菜、花卉、经济水草为主，把污染控制系统和农民的生产实践结合起来。充分发挥沉水植物、漂浮植物的净化能力，采用生物浮床、固定化脱氮脱磷等强化净化技术，同时结合鱼类养殖，通过生物操纵的方法解决水生生物的过度繁殖引起的二次污染问题，实现营养物质的多级综合利用。

（5）农田的排水和鱼塘排水可汇入前置库系统中进行净化处理，处理后的出水可回用于农灌、鱼塘，改善农村水域的水质状况。

## 3.1.4　净化工程技术

非点源（面源）污染是湖泊、河流水体修复中控制难度最大的污染物来源，其主要包括城镇、农村等地表径流，大气沉降，湖区养殖等，农村的非点源污染较为突出。因此，采取多项工程技术（污染物源头控制、污染物迁移转化控制以及污染物净化工程）对非点源污染进行控制。

修复案例：以湖库水体水质修复为例，其治理修复过程主要可分为 4 个阶段，最终以总体效益为目标，综合研究点源、内源和非点源治理的最优方案来实现湖库治理目标。此外，还需要考虑经济可行性，进而能够达到预期目标（图 3-12）。

非点源工程处理措施及应用见表 3-3。非点源污染控制的关键是污染源的控制，主要涉及农业面源污染和城镇、村庄生活污染排放等。有研究表明，农业施肥是造成非点源污染的重要因素之一。因为土地利用类型中耕地的固氮固磷显著弱于林地和草地，农田是氮磷流失最主要的土地利用类型。在非点源污染物进入受纳水体之前，采取污染物拦截措施减少进入水体的污染物就是过程控制，主要包括植物篱、沉砂池等措施。污染物净化工程作为非点源污染控制的最终措施，主要包括人工湿地、水陆交错带、植被过滤带、生态护岸等。非点源污染的控制规划涉及经济、决策、技术、意识等，在实现污染物最大削减效率的同时尽可能地降低经济成本，整合出最优的控制方案，对非点源污染的防控具有十分重要的意义。

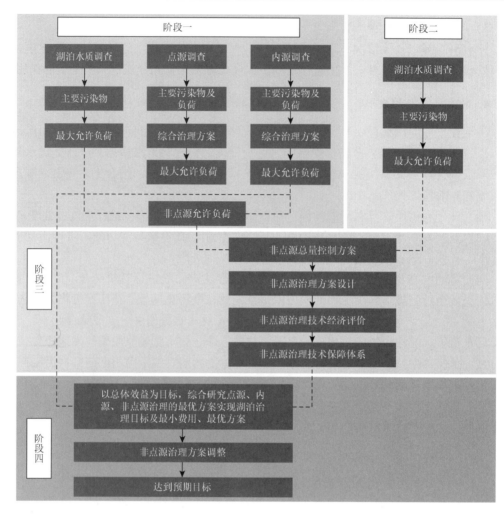

图 3-12　非点源治理设计流程

**表 3-3　非点源工程处理措施及应用**

| 措施 | 应用 |
| --- | --- |
| 退耕还林还草 | 坡地治理水土流失及湖滨区裸露地；坡度大于 25°，应退耕还林、还草 |
| 休耕或轮作 | 通过农田耕作管理，减少农田污染径流 |
| 施肥管理 | 优化配肥系统，不过量施肥 |
| 湖滨封闭式管理 | 天然湖滨带是湖库重要保护带，严禁沿带围垦；退耕已存在的湖区耕地 |
| 工程修复，拦沙坝、草林复合系统 | 山地水土流失区以及侵蚀区，通过土石工程结合生物工程控制水土流失和土壤侵蚀 |
| 前置库和沉砂池工程 | 入湖支流自然汇水区，利用泥沙沉降特征和生物净化作用，使径流在前置库塘中增加滞留时间，增加泥沙和颗粒态污染物沉降和生物对污染物的吸附作用 |
| 拦沙植物带和绿化 | 拦沙植物结合生物吸附、净化作用可使泥沙、N、P 等污染物滞留、沉降；用于堤岸保护、坡地农田防护 |
| 人工湿地与氧化塘 | 污染农业区，适于处理农田废水和村落废水的混合废水 |

续表

| 措施 | 应用 |
|---|---|
| 农田径流污染控制和农业生态工程 | 通过生态农业工程，使农业污染物参与生态系统的物质循环过程，进而减少污染物的排放 |
| 村落废水处理、垃圾与固体废物处理 | 适用于农村村落垃圾处理，地表径流污染物流失治理 |
| 截砂工程、截洪沟、土石工程、沟头防护、谷坊工程技术等 | 应用于强侵蚀区污染控制和生态恢复 |

# 3.2　内源污染控制技术

内源污染由河道、湖库底泥中的污染物释放组成，底泥释放的污染物主要有 3 类，即营养元素、重金属和难降解有机物。经各种途径进入水体的氮磷等营养元素，有一部分沉积到底泥中。这一部分营养元素除部分被水生植物生长吸收外，其余大部分仍与水体保持动态平衡。当水体中氮磷浓度较低时，底泥中的氮磷会向上覆水进行释放。当底泥中沉积的氮磷过多，环境条件变化剧烈时有可能会引发水体富营养化。重金属通过吸附、络合、沉淀等作用沉积到底泥中，同时与水相保持一定的动态平衡。当环境条件发生变化时，重金属会被释放进入水体，成为二次污染源。部分有机物污染物由于疏水性强、难降解，容易在底泥中大量积累。通过生物富集作用，有毒有机物可以在生物体内达到较高的水平，甚至产生较强的毒害作用，通过食物链还可能危害人类。内源污染控制主要包括底泥疏浚和原位处理技术。

## 3.2.1　底泥疏浚技术

底泥的疏浚一般包括水利工程疏浚技术和生态疏浚技术。要做好水利工程渠道的疏浚清淤需要注意以下几点：一是在进行清淤工作时选择合理的清淤技术；二是对淤积物要进行妥善的处理；三是疏浚工作要保持长效化，保证水利工程渠道通畅。生态清淤是针对河道生态系统中受污染的底泥开展的生态修复工程，其本质是以工程、环境、生态相结合的方式来解决城镇河道水体的可持续发展。该技术的核心是注重河湖原有生物多样性的保护，在不破坏水生生物自我修复繁衍的前提下，为生物技术的介入尽可能地提供有利条件。生态疏浚相对于水利疏浚存在着明显的不同，其差别可见表 3-4。

**表 3-4　河湖生态疏浚与水利疏浚差异表**

| 项目 | 生态疏浚 | 水利疏浚 |
|---|---|---|
| 生态要求 | 为水生植物恢复创造条件 | 无 |
| 工程目标 | 清除底泥污物 | 增加水体容积，维持航运深度 |
| 边界要求 | 按污染物含量拐点确定 | 底面平坦，断面规则 |
| 疏浚深度/m | <1.0 | >1.0 |

续表

| 项目 | 生态疏浚 | 水利疏浚 |
|---|---|---|
| 颗粒物扩散限制 | 尽量避免扩散和再悬浮 | 无 |
| 施工精度/cm | 5 | 20~30 |
| 设备选型 | 标准设备改造或专用设备 | 标准设备 |
| 工程监控 | 专项分析，严格监控，风险评估 | 一般控制 |
| 底泥处理 | 依据泥、水污染性质处理 | 泥水分离后堆置 |
| 尾水排放 | 处理达标排放 | 未处理 |
| 河床修复 | 滩池改造、微生物再造和基质改良 | 无要求 |

**1. 生态疏浚的分类及特点**

生态疏浚主要分为干法疏浚、带水疏浚和环境疏浚三种类型。其中，干法疏浚适用于雨源型河流和小水量河流，主要是直接挖掘或者围堰导流后挖掘，其疏浚的底泥含水率一般较低。带水疏浚适用于大流量的河道内源污染治理，疏浚底泥含水率较高。带水疏浚的底泥量大，在运输和进行下一步处置时，往往需要进一步脱水，并对余水进行处理后达标排放。底泥含水率是进行下一步处理处置的关键影响因子，而底泥如何高效率脱水是目前技术设计和工程实施的难题之一，也是降低工程成本的有效途径之一。环境疏浚是根据各河段的环境特点来确定对河道和景观河道的疏浚方法。例如，景观河道周边地区多为集中住宅和城市主干道，为了防止施工对周围房屋和道路造成的环境污染，采用小规模绞吸式挖泥船对沉积物进行疏浚，该方法不仅可以提高沉积物的疏浚效率，还可以缩短沉积物的疏浚时间。这一方法适用于所有底泥受到污染的水体，尤其是黑臭水体底泥污染物的清理，可快速降低受污染黑臭水体的内源污染负荷，减少底泥污染物向水体释放。

**2. 几种疏浚方法均产生的后续问题**

不管采取哪种疏浚方法，淤泥等沉积物上岸后都存在着后续处理问题，传统的方法是晾晒、堆坝、运输，其最大的缺点是占地大、二次污染严重、运输成本大。因此，找出更加便捷、实用的干化手段来解决这一矛盾是目前关注的重点。

**3. 生态疏浚的核心指标**

生态疏浚的核心技术指标包括：疏浚范围及深度设计、疏浚形式及配套技术、施工方式设计、清淤设备选定、堆场的余水处理、隔离防范设计、疏浚底泥处置和清淤后河底基质修复设计等，具体工艺流程见图3-13。疏浚深度是生态疏浚的核心参数，该参数能直接影响疏浚工程量及疏浚底泥处置方式。这一参数的确定需要结合河道水文水质特征、底泥分布情况、底泥污染物含量及垂直分布特征等诸多参数进行系统分析、评估。

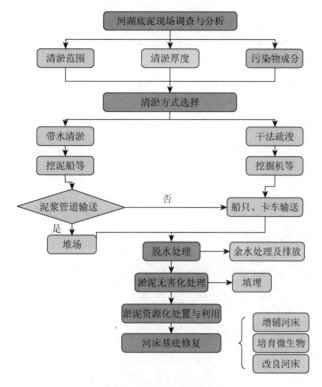

图 3-13 生态疏浚工艺流程图

## 3.2.2 原位处理技术

底泥的污染控制技术主要包括原位处理技术和异位处理技术两大类。原位处理技术就是将污染物在原处进行滞留、降解等，阻止底泥污染物进入水体，切断内源的污染途径。原位处理技术主要包括原位覆盖、原位封闭、原位钝化、原位化学修复技术和原位生物修复技术五大类。

### 1. 原位覆盖

原位覆盖通过在污染底泥表面覆盖一层或多层材料，使底泥与上层水体隔绝，进而阻止底泥中污染物迁移到上覆水中。覆盖材料包括天然惰性材料、改性材料和活性材料，这一类材料大多来源广泛、成本低廉、对环境影响较小。原位覆盖作为底泥的一种原位处理技术，对污染物底泥修复效果十分显著。

1）功能和应用

原位覆盖主要有以下三个功能：一是通过覆盖层，将污染物底泥与上层水体物理性隔开；二是覆盖可以稳固污染底泥，防止其再悬浮或迁移；三是通过覆盖物中有机物颗粒，有效削减污染底泥中污染物进入水体。底泥原位覆盖技术中，覆盖层的修复效率通常取决于覆盖层的厚度。一般情况下，覆盖层越厚，对近表面的孔隙水浓度以及穿过覆盖层的污染物通量的控制效果越好。

活性炭是比较常用的覆盖材料之一。由于活性炭的沉降性能较差，通常需要对其进行预湿处理以去除材料内空气帮助减少其水中浮力。在施工过程中，如果采用此类沉降性能较差的材料，或是遇到水体流速较快不利于施工的情况，可以考虑使用水下扩散器，用水下扩散器将覆盖材料带入水下释放，帮助其更好地完成覆盖。一般情况下，土工织物是通过机械设备或潜水员进行水下覆盖的。这类包裹着活性覆盖材料的土工织物，在通常情况下容量较小，厚度也较薄。但若工程需要，也可以通过使用更厚的石龙材料以增大土工织物的覆盖材料容量。例如，海底垫层材料 Marinemattress便是使用了这一技术（图 3-14）。另外，铰接式砌块或其他防护垫，均可用来放置或包裹覆盖材料。

图 3-14 应用 Marinemattress 进行覆盖层施工

底泥原位覆盖的长期有效性评估必须考虑的因素包括地下水渗流、覆盖层侵蚀、边坡崩塌与深层生物扰动等。覆盖层安装迅速容易，因此可立即形成干净的底泥表面。快速的成型过程是该技术的显著优势，因为比起自然衰减或疏浚，底泥原位覆盖通常可以在更短的时间内达到减少风险的目的。然而，能否成功取决于覆盖层是否能够持续控制污染物的迁移扩散。除了一些土质松软、易悬浮的底泥，可能需要薄层浇筑之外，覆盖层施工几乎不受场地条件影响。

要使覆盖层实现其预期目标，必须满足以下准则：一是覆盖层必须正确放置，并由施工监测进行评估；二是覆盖层必须保持在正确的位置以便达到持续修复目标，方便研究人员评估长期覆盖层的完整性；三是覆盖层必须通过化学和风险监测来实现长期绩效目标。

2）优缺点

原位覆盖技术具备如下优点：①异位处理技术在挖掘底泥的过程中，会极大地扰动底泥和水体，有时会加速底泥中氮磷的释放，造成水体污染。而原位覆盖技术只是在污染底泥表面覆盖其他清洁材料，对底泥扰动小。②异位处理技术挖掘出来的底泥，需要运输到其他地点进行处理，因量大、污染物成分复杂、含水率高，而大大增加了处理成本。而原位覆盖技术的工程造价低，且无须处理污泥的费用。③异位处理的底泥运输过程中，有时会造成污泥泄漏，或挥发到大气中，造成二次污染和一定的环境风险，而原位覆盖技术的环境潜在危害较小。④原位覆盖技术适用于多种有机和无机污染底泥，可以有效控制底泥中氮、磷等营养盐、重金属及持久性有机物的释放。而原位固化技术主要适用于磷酸盐、重金属等污染底泥。⑤原位固化和氧化需向水体中投加药剂，对河流和湖库中水生生物和生态环境可能会有一定的影响。而原位覆盖技术采用的是清洁泥沙等天然矿物，性状稳定，对水体的影响较小（尹沛泉，2022）。

原位覆盖技术的缺点如下：①其使用水体具有一定的局限性。投加覆盖材料会增加湖泊中底质的体积，减小水体深度，改变湖底坡度，因而在浅水或对水深有一定要求的水域，如河岸海岸及航线区域，不宜采用原位覆盖技术。②水体流速较快，会导致覆盖材料被汽蚀，进而影响其处理效果。同时，由于原位覆盖会改变水流流速、水力水压等条件，因此对这些水力水压有要求的区域，则原位覆盖技术不能实行。

3）适用范围

原位覆盖技术受诸多因素影响，需考虑以下条件来抉择是否采用该技术：

（1）该水域的外污染源必须已经得以控制，防止在覆盖层上沉积新的污染底泥。

（2）只有底泥污染物具备低毒性和低迁移率时，才能考虑覆盖方案。

（3）有现成易得的适合该水域污染底泥覆盖的材料。

（4）水域现场条件不影响覆盖效果，如发生洪涝、大风浪、地震的可能性小。

（5）底质河床必须能承受得起覆盖层的重量。

（6）覆盖后必须对现今或将来的建设和水路使用无影响。若要修建桥墩、铺设管道等，则不适用。

（7）现场条件由于水深或水力等的要求不适宜将底泥全部疏浚时，考虑和覆盖工程相结合（唐艳等，2007）。

4）应用效果

世界上首例原位覆盖工程是 1978 年在美国实施的，随后日本、挪威以及加拿大等国相继实施了这一技术。1984 年华盛顿西雅图地区为了控制重金属及多氯联苯的污染，在度瓦米许（Duwamish）航道实施了沙子覆盖工程，其覆盖厚度为 0.9 m，对污染物有着明显的隔离效果。12 年后对该工程的监测结果表明覆盖层未被侵蚀，对污染物的隔离效果依然显著。

1988 年在华盛顿塔科马航道实施原位覆盖工程，采用取自普牙洛普河粗糙的砂砾覆盖近海岸的底泥，覆盖厚度为 0.6～3.6 m，平均厚度大于 1.5 m。监测结果表明，覆盖层 10 年内都保持着良好的覆盖效果。1992～1993 年，加拿大环境保护署开展了原位覆盖效果研究。该试验选用硝酸钙与富含有机质的土壤混合物作为覆盖物，试验结果表明，该覆盖物能有效防止底泥中的多氯联苯、多环芳烃及重金属释放造成的二次污染，促进水质的改善。意大利威尼斯环礁湖沙土覆盖工程的评价结果表明，对于水动力强度不大、污染程度不太高的沉积物，沙土覆盖可以有效地阻止污染沉积物的扩散，但并不会影响底栖生物的生长（刘宗亮，2017）。

到目前为止，国外原位覆盖技术已经在河道、近海岸、河口等区域得到了较为广泛的运用。我国，薛传东等（2003）选取天然红土，添加适量的粉煤灰及石灰粉作为掩蔽覆盖物，开展对滇池富营养化水体的原位修复研究。研究结果表明，红土是一种有效的底泥覆盖材料，添加粉煤灰和石灰粉有助于削减底泥中总氮和总磷的释放量，这一混合覆盖物对修复富营养化水体有着良好的效果。

### 2. 原位封闭

原位封闭技术是一种在污染场地现场对污染物进行阻隔和控制的技术，目的是防止污染扩散。这项技术通常用于地下水和土壤污染的修复，特别是那些不适合挖掘和转移处理的情况。原位封闭技术的关键是通过建立一个封闭系统来隔离污染物，这个系统可以是物理的（如使用阻隔墙或覆盖层）或化学的（如通过化学稳定化技术将污染物转化为更稳定、迁移性更低的形式）。可渗透反应墙技术是在原位封闭技术中较为常用的一项技术，其原理是利用特殊的填充材料，如零价铁，拦截并转化污染物。

#### 1）适用条件

针对污染物类型，适用于挥发性和半挥发性有机污染物，以及一些可生物降解的不挥发性有机物。针对地质条件，适用于渗透性较好的土壤和岩石，如砂土和碎石层。针对水文地质条件，适用于含水层中存在可挥发有机化合物的情况。针对场地条件，适合于场地空间受限或需要快速修复的情况。

#### 2）技术优缺点

该技术的优点有：环境干扰小，原位封闭技术不需要挖掘和搬运污染介质，减少了对环境的干扰；施工周期短，与传统的挖掘和转移处理相比，原位封闭技术可以更快地实施；成本相对较低，避免了挖掘和运输成本，总体成本较低；适用于深层或难以接触的污染区域，特别适用于难以接近或者太深无法经济性挖掘的区域。

该技术的缺点有：长期效果具有不确定性，需要长期监测以确保封闭效果；监测和维护需求较大，需要定期监测封闭系统的有效性，并进行必要的维护；技术实施难度较大，某些场地的水文地质条件可能使得原位封闭技术难以实施；可能造成二次污染，如果封闭材料选择不当，可能会引起二次污染。

#### 3）应用效果

原位封闭技术在实际应用中取得了一定的成功，例如，在重庆某六价铬污染场地土壤修复工程案例中，采用了原位化学还原及稳定化技术，通过直接加压注入井工艺与高压旋喷工艺相结合进行药剂灌注，成功修复了大面积的六价铬污染土壤。

### 3. 原位钝化

#### 1）定义及原理

原位钝化通过改变沉积物的物理化学性质，减少沉积物中的污染物向周围环境释放的可能。沉积物中的污染物一般通过淋滤作用向水体或地下水中迁移，向沉积物中添加"固定剂"可以使污染物活性降低。常用的"固定剂"有水泥、火山灰以及塑化剂等。污染底泥原位钝化技术的核心是利用对污染物具有钝化作用的人工或自然物质，使底泥中污染物惰性化，以一种相对稳定的状态存在于底泥中，进而减少底泥中污染物向水体的释放，达到有效截断内源污染的目的。该技术具有以下几种功能：一是钝化剂在沉降过程中能捕捉水体中的磷与颗粒物，去除水体中的部分污染物；二是钝化层形成后可有效吸附并持续截留底泥中释放的磷，有效减少由底泥释放进入上覆水中的磷含量；三是钝化层的形成可有效压实浮泥层，减少底泥的悬浮（赵宇等，2020）。

2）适用条件

钝化剂的选择是原位钝化技术的关键，钝化剂的安全性、经济性、可操作性、无害性等都是需要考虑的因素。目前常用的钝化剂有铝盐、铁盐和钙盐（赵斌，2008）。铝盐是应用最广泛、应用最早的钝化剂，铝盐水解后形成 $Al(OH)_3$ 的絮状体，一方面去除水体中的颗粒物和磷；另一方面通过在底泥表面形成 $Al(OH)_3$ 的絮状体覆盖物，有效吸附从底泥中溶出的磷。由于氢氧化铝絮状体对磷的吸附不受氧化还原状态的影响，在 pH>6 时，铝盐处理能达到较好的效果。铁氧和钙盐通过与磷结合形成难溶性沉淀来达到钝化磷的目的，这两种盐对水体安全无毒，但其钝化效果受水体 pH 和氧化还原状态的影响，在 pH 或氧化还原状态发生改变时磷会被重新释放出来。底泥中磷原位钝化原理如图 3-15 所示。

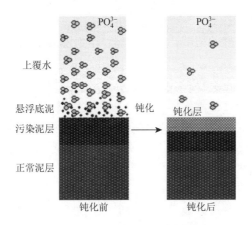

图 3-15　底泥中磷原位钝化原理

3）使用效果

原位钝化作为一种经济、高效、生态的底泥内源污染控制技术，通过钝化剂吸附水体和沉积物中的营养盐，在沉积物表层形成钝化层，再通过表面吸附、离子交换、物理阻隔等作用减少污染物向上覆水的释放，从而达到控制水体富营养化的目的（虞洋等，2014）。原位钝化技术已在国外多个工程实践中取得成功应用，国内目前还处于实验室模拟和小范围试验阶段。

4. 原位化学修复技术

1）概况

原位化学修复技术是通过沉淀、吸附、氧化-还原、催化氧化、质子传递、脱氯、聚合、水解等方法改变污染物的结构或降低污染物的迁移性和毒性的修复技术。该技术主要是改变污染物化学行为，如添加改良剂、抑制剂等化学物质降低底泥中污染物的水溶性、扩散性和生物有效性。原位化学修复效果显著，投资和能耗较低，易于实现。硝酸钙、过氧化钙、零价铁是目前化学修复技术研究和应用中使用较多的化学药剂。硝酸钙可刺激底泥中异养微生物的活性，促进脱氮细菌的反硝化作用，同时还对底泥中磷、硫化物、油类污染物等有着良好的去除能力。过氧化钙作为氧气缓释剂，可以有效提高溶解氧，控制底泥臭味，还能有效缓解底泥中有机碳、有机氮和磷的释放。可利用零价铁还原性将大分子有机物还原成生物可利用的小分子有机物，将某些高价态的重金属离子转换到低价态以降低其毒性；铁与磷结合可以形成 Fe-P 的结合态沉淀，进而达到除磷的效果。然而，过量的化学药剂会改变底泥生态环境，对底栖生物的生物活性产生不利影响。因此，近年来许多学者尝试将化学方法与生物方法有机结合起来，降低化学药剂用量，减小对底泥生态环境的副作用（徐云杰等，2022）。

2）类型

（1）原位化学淋洗修复技术。化学淋洗修复技术是指借助能促进土壤环境中污染物溶解或迁移作用的化学/生物化学溶剂，在重力作用下或通过水力压头推动清洗液，将其注入被污染土层中，再把包含有污染物的液体从土层中抽提出来，进行分离的污水处理技术。提高污染土壤中污染物的溶解性及其在液相中的可迁移性，是实施该技术的关键。清洗液是包含化学冲洗助剂的溶液，具有增溶、乳化效果，或改变污染物化学性质等功能。化学淋洗修复技术主要围绕着用表面活性剂处理有机污染物，用螯合剂或酸处理重金属来修复被污染的土壤，其修复工作，既可以进行原位修复，也可进行异位修复。

（2）原位化学氧化修复技术。原位化学氧化修复技术主要是通过在土壤中添加化学氧化剂，使之与污染物发生氧化反应，最终使污染物降解或转化为低毒、低移动性产物的一项修复技术。原位化学氧化技术不需要将污染土壤全部挖掘出来，只需要在污染区的不同深度钻井，将氧化剂注入土壤中，通过氧化剂与污染物的混合、反应，使污染物降解或引起形态变化。原位化学氧化修复技术的关键是氧化剂的分散；对于低渗土壤，可以采取土壤深度混合、液压破裂等方式对氧化剂进行分散预处理。原位化学氧化修复技术最常用的氧化剂是 $K_2MnO_4$、$H_2O_2$ 和臭氧气体等。

原位化学氧化修复技术主要用来修复被油类、有机溶剂、多环芳烃、农药以及非水溶态氯化物等污染物污染的土壤，通常这些污染物在污染土壤中长期存在，难以被生物降解。氧化修复技术不但可以降解这些污染物降低其毒性，还可以利用反应产生的热量使土壤中的一些污染物和反应产物挥发或变成气态溢出地表，随后在地表对产生的气体进行收集和集中处理。但氧化剂的加入可能会在反应过程中生成有毒副产物，或影响重金属存在形态及抑制土壤生物量的增长。

（3）溶剂浸提修复技术。溶剂浸提修复技术是一种利用溶剂将有害化学物质从污染土壤中提取出来的技术，该技术适用于修复多氯联苯、石油烃、氯代烃、多环芳烃、多氯二苯、多氯二苯并呋喃、农药等有机污染物污染的土壤。作为一种土壤异位处理技术，其设备组件运输方便，一般可在污染地点就地开展，可根据土壤的体积调节系统容量。该技术对土壤黏粒含量和湿度都有一定的要求，土壤黏粒含量要低于 15%，土壤湿度要小于 20%。

（4）土壤性能化学改良修复技术。对于污染程度较轻的土壤，可根据污染物在土壤中的存在特性，针对性地向土壤中施加某些化学改良剂和吸附剂。常用的改良剂有石灰、硫黄、高炉渣、铁盐以及黏土矿物等。向土壤投加吸附剂也可以在一定程度上缓解污染物对土壤微生物和植物的生理毒害作用。对于重金属和某些阳离子来讲，可加入一定量的离子交换树脂；对于有机化合物，可以通过投加吸附性能较好的沸石、斑脱石及其他天然黏土矿物或改性黏土矿物，增加土壤对有机、无机污染物的吸附能力。

3）技术特点

原位化学修复技术发展较早，也相对成熟。该技术利用的是污染物或污染介质的化学特性，通过添加各种化学试剂来破坏、分离或固化污染物，具有实施周期短、应用场景广等优点。当生物修复等方法在速度和广度上不能满足污染土壤修复的需求时，可结合污染物类型和土壤特征选择合适的化学修复方法。但化学修复技术也存在一些缺点，如容易导致土壤结构破坏、土壤养分流失和生物活性下降等问题，氧化剂会被土壤中的腐殖酸和还原性金属等物质大量消耗，药剂传输速率会受到土壤渗透性的影响，化学氧化/还原过程可能会发生产热、产气等不利影响，容易受 pH 影响等。

4）发展前景

化学修复技术具有二次污染小、修复污染物的速度快两大优势，能节约修复过程中的材料、监测和维护成本。此外，化学修复具有药剂投放方式多样、治理方案灵活性高等特点，可根据场地实际情况需要因地制宜调整优化。因此，化学氧化修复方法被广泛应用。

5. 原位生物修复技术

用传统的化学或物理方法治理环境污染，不仅容易造成二次污染，还难以处理低浓度面源性污染，并对环境和景观造成一定的影响。近 20 年来，生物修复技术得到了快速的发展，其核心是利用生物的降解与转化作用清除环境污染物，其中，底泥原位生物修复技术是一种通过生物处理对水体环境进行调控的技术，可分为微生物修复与植物修复技术两类。

1）微生物修复技术

（1）微生物修复技术定义。微生物修复技术是利用微生物的代谢能力来降解有机污染物的一种技术，也是目前研究最多、应用最为广泛的一种生物修复方法。根据污染环境不同，向底泥中培育和接种特定微生物，并提供其适宜的繁殖条件来调控水体中微生物群体的组成和数量，优化群落结构，提高生物可利用性，提高水体中有自净能力的微生物对污染物的去除效率，使底泥污染物就地降解，使河水最大限度恢复其原有的自净能力。

（2）微生物修复技术原理。重金属污染底泥的微生物修复原理主要包括生物富集和生物转化这两种方式。生物富集主要表现在胞外络合、沉淀以及胞内积累三种形式；生物转化的主要机理包括微生物对重金属的生物氧化和还原、甲基化与去甲基化以及重金属的溶解和有机络合配位降解转化重金属，改变其毒性，从而形成某些微生物对重金属的解毒机制。

微生物降解有机污染物主要依靠两种作用方式：一种是通过微生物分泌的胞外酶降解；另一种是污染物被微生物吸收至其细胞内后，由胞内酶降解。微生物从胞外环境中吸收摄取物质的方式主要有主动运输、被动扩散、促进扩散、基团转位及胞饮作用等。微生物降解和转化底泥中有机污染物，通常依靠氧化作用、还原作用、基团转移作用、水解作用等基本反应模式来实现。

（3）河流和湖库中底泥的微生物修复技术方法。原位微生物修复不须改变水体中污染底泥的位置，直接向污染底泥投放氮、磷等营养物质和供氧，促进底泥中原有微生物或特异功能微生物的代谢活性，降解污染物。水体中的原位微生物修复技术主要有生物强化法和化学活性栅修复法等。

2）植物修复技术

（1）植物修复技术定义。植物修复技术是利用特定的植物对某种环境污染物进行吸收、超量积累、降解、固定、转移、挥发及促进根际微生物共存等过程，来达到降低或清除环境污染物的目的，进而使受污染的环境得以修复的一种技术。

按照治理的污染物类型，植物修复可分为金属（包括重金属和类金属）、有机污染物和放射性元素修复三大类。从原理上来讲，河流与湖库的植物修复有 6 种类型：

①植物富集又名植物提取，是指利用对重金属富集能力较强的超富集植物吸收底泥中的重金属污染物，然后将其转移、储存到植物茎、叶等部位，通过收割地上部分并进行集中处理，从而达到去除或降低底泥中重金属污染物的目的。植物提取有很多优点，如成本低、不易造成二次污染、保持底泥结构不被破坏等。符合植物提取的植物有以下几个特性：生长快、生物量大、能同时积累几种重金属、有较高的富集效率、植物的忍耐性强、能在体内积累高浓度污染物。植物提取修复是目前研究最多也是最有发展前途的一种植物修复技术。

②植物固定是利用特殊植物将污染物钝化/固定，降低其生物有效性及迁移性，使其不能为生物所利用，达到钝化/稳定、隔断、阻止其进入水体和食物链的目的，以减少其对生物和环境的危害。植物枝叶分解物、根系分泌物以及腐殖质对重金属离子的螯合作用等都可固定底泥中的重金属，但是被稳定下来的重金属有可能会重新释放到底泥中，这也导致植物固定在实际应用中受到一定的限制。

③植物挥发是指植物利用其本身的功能将底泥中的重金属吸收到体内，并将其变为可挥发的形态而释放到大气中，从而达到去除底泥中污染物的一种方法。目前这方面的研究主要集中在比较低的气化点的重金属元素汞和非金属硒、砷去除上，应用范围比较局限。

④植物降解是利用植物及其根际微生物区系将有机污染物降解，转化为无机物（$CO_2$、$H_2O$）或无毒物质，以减少其对生物与环境的危害。

⑤植物转化是在植物的根部或其他部位通过新陈代谢作用将污染物转化为毒性较小的形态，通常用于疏水性适中的污染物。

⑥植物刺激是利用植物根系的分泌物如氨基酸、糖和酶等来促进根系周围底泥微生物的活性和生化反应，其有利于污染物的释放和降解。

（2）植物修复技术机制。植物修复机制包括生物物理和生化过程，如吸附、运输、易位以及植物酶的转化和矿化。通过这些方式吸收底泥中的营养物质，固化底泥，抑制底泥中营养盐及重金属的释放。其根部特有的微环境将重金属离子吸收、络合形成配位体，并达到固定或改变重金属价态的作用。植物的根系也能为微生物提供良好的栖息地，还能分泌促进微生物生长的有机质，从而改善水体的生态环境。植物类型多种多样，根据水生形态可分为沉水、挺水、漂浮及浮叶植物等，具体的包括浮萍、香蒲、芦苇、金鱼藻、黑藻、狐尾藻、凤眼莲及睡莲等。沉水植物修复、人工湿地、生态浮岛等均属于治理的主要形式。

（3）植物修复技术特点。

①环境扰动小。植物修复一般采用原位治理方式，经过植物种植、生长、收获等一系列过程达到去除污染物的目的，其对周边生态环境干扰较小，同时也有利于恢复行将退化的生态环境。

②具有复合生态功能。植物在去除污染物的同时，植物群体也发挥着其他的生态功能，如改善小气候、增加大气负离子、固碳增氧、提高生物多样性及改善景观等。

③修复成本低。植物修复以太阳能为动力，以植物自身为反应器，节约了修复过程中可能耗费的能源与材料，部分植物的收割还能创造额外的经济价值。同时，修复还具有选择性，可针对目标污染物进行选择性的吸收。

④修复速度慢。植物对底泥、气候等条件具有一定的要求，而且植物修复难以快速见效，修复作用也难以到达深层底泥，修复能力还会受到污染物浓度等因素的限制（张庆费等，2010）。

（4）适用范围。植物修复技术不仅适用于农田底泥中污染物的去除，还适用于人工湿地建设、填埋场表层覆盖与生态恢复、生物栖息地重建等。近年来，植物修复技术被认为是一种更易接受、大范围应用，并利于河流与湖库生态恢复的植物技术，也被视为一种植物固碳技术和生物质能源生产技术。有学者结合分子生物学和基因工程技术开展植物杂交修复技术的研究，为多污染物复合或混合污染底泥的净化方案提供了新的可能。利用植物的根圈阻隔作用和作物低积累作用，发展能降低河流湖库水体中底泥污染的食物链风险的植物修复技术处于研究中。

# 第4章 生态修复技术

生态修复是在生态学原理指导下，以生物修复为基础，结合各种物理修复、化学修复以及工程技术措施，通过优化组合，使之达到最佳效果和最低耗费的一种综合的修复污染环境的方法。生态修复的顺利施行，需要生态学、物理学、化学、植物学、微生物学、分子生物学、栽培学和环境工程等多学科的参与。生态修复技术应严格遵循循环再生、和谐共存、整体优化、区域分异等生态原理。

## 4.1 河湖生态修复

河湖的生态修复是在河道陆地的控制范围内，满足防洪排涝和引水的基本功能的基础上，通过人工修复措施促进河道水生态系统的恢复，从而构建健康完整稳定的河湖修复水生态系统。本节主要从水质修复和湖库面源控制两个大的方面进行阐述。水质修复技术主要从微生物修复技术、湿地技术、生态浮岛技术、生态稳定塘技术和生物操纵技术方面考虑，湖库面源控制主要从退耕还林、退耕还田以及控制径流污染方面进行阐述。

### 4.1.1 微生物修复技术

微生物修复技术主要是在微生物的作用下，将水体中的污染物质进行降解的一种技术，其核心是对微生物的培育进而形成生物膜。生物膜实质是使细菌类微生物和原生动物、后生动物类的微型动物附着在滤料或某些载体上，并在其上形成膜状生物污泥。

#### 1. 适用范围及优势

生物膜法是底泥自净过程的人工强化，主要去除废水中溶解性的和胶体状的有机污染物，同时对废水中的氨氮具有一定的硝化能力，在处理工业废水中有着广泛应用。其中，用得较多的是曝气生物滤池法（biological aerated filter，BAF），主要的工艺流程如图4-1所示。此外，固定化微生物技术作为一种新型的生物修复技术，具有高效、稳定、生物安全性较高等特点，已经广泛用于各种污染水体的净化修复之中，也包括受污染日益严峻的近海养殖水体。

#### 2. 技术要点

固定化微生物技术作为生物修复的重要技术之一，采用吸附、包埋等方法将特定功能的微生物富集于特定的载体材料上，利用微生物对污染水体中过量的营养物质的吸收降解，实现对水体的净化，防控近海藻华的暴发。

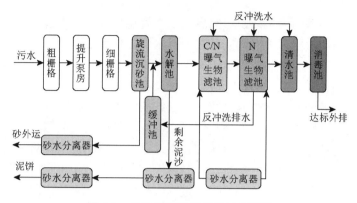

图 4-1　水解-曝气生物滤池工艺流程

### 3. 限制因素

微生物不能降解所有进入环境的污染物；生物修复需要具体考察；生物修复只能降解特定物质；微生物活性受温度和其他环境条件影响。

### 4. 应用效果

固定化微生物技术最早被用于大肠杆菌的固定化，后被广泛用于工业发酵和废水处理中，已形成一系列较为完备的理论和方法。与利用非固定化状态的微生物进行生态修复相比，固定化载体既为菌体提供了必要的附着和保护的空间，又隔离了菌体，避免其与污染生境的直接接触，避免引入微生物进行修复可能造成的新的生态危害。

## 4.1.2　湿地技术

### 1. 概念及原理

湿地技术被广泛关注并应用于水体污染控制。通常采用砂石填料作为基质，其上种植水生植物，主要依据土地处理系统及水生植物处理污水的原理，利用自然生态系统中的物理、化学和生物的三重协同作用，通过人工种植水生植物，使水生植物与土壤微生物间形成一种具有湿地性质的、近自然的污水处理生态系统，实现污水的净化。

### 2. 类型

湿地分为自然湿地与人工湿地，人工湿地主要分为表面流人工湿地、水平潜流人工湿地和垂直潜流人工湿地。对于不同的水体采用不同类型的湿地进行水质净化。其中处理污水处理厂尾水一般采用人工湿地技术；改善河流水质，一般依据自然地理，因地制宜地建造河口湿地；对于提升湖库水质，主要根据水质要求人工建设生态型（水源）湿地。

### 3. 特点

湿地生态系统与其他生态系统相比，具有以下特点：一是脆弱性。水是建立和维持湿地及其过程特有类型的最重要决定因子，水文流动是营养物质进入湿地的主要渠道，是湿地初级生产力的决定因素。因此，湿地对水资源具有很强的依赖性。由于水文状况易受自然及人为活动干扰，所以湿地生态系统也极易受到破坏，且受破坏后难以恢复，表现出很强的脆弱性。二是过渡性。湿地同时具有陆生和水生生态系统的地带性分布特点，表现出水陆相兼的过渡性分布规律。三是结构和功能的独特性。湿地一般由湿生、沼生和水生植物、动物、微生物等生物因子以及与其紧密相关的阳光、水分、土壤等非生物因子构成。湿地水陆交界的边缘响应使湿地具有独特的资源优势和生态环境特征，为多样的动、植物群落提供适宜的生境，具有较高的生产力和丰富的生物多样性。四是具有较强的自净和自我恢复能力。湿地通过水生植物和微生物的作用以及化学、生物过程，吸收、固定、转化土壤和水中的营养物质，降解有毒和污染的物质，净化水体。因此，湿地具有较强的自净和自我恢复能力（张明钰和刘建华，2017）。

4. 应用

（1）污水处理厂尾水采用人工湿地的典型案例为宜兴城镇废水处理，其中宜兴概念厂是第一个完整导入概念厂理念和追求的污水处理厂，将示范污水处理厂从污染物削减基本功能扩展至城镇能源工厂、水源工厂、肥料工厂，进而发展为与城镇和乡村全方位融合、互利共生的新型环境基础设施，其工程根据处理尾水的去向不同分为两个处理系统。所有废水（10 万 m³/d）均经一套"水解酸化 + AAO 生物池 + 二沉池 + 磁混凝沉淀池 + 滤布滤池 + 紫外消毒 + 次氯酸钠消毒"处理后 7 万 m³/d 达标排放，0.5 万 m³/d 排入邻近的宜兴水专项人工湿地改善工程作为生态补水回用。剩余 2.5 万 m³/d 尾水再经超滤膜工艺处理后回用，具体废水处理工艺流程详见图 4-2。

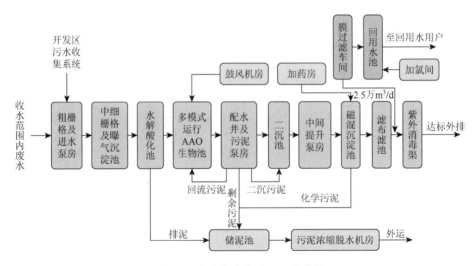

图 4-2　宜兴市废水处理工艺流程

（2）河口湿地技术以恢复河流水环境功能要求为目标，针对低氧低碳高氨氮水质特征以及长流径的入淀过程和广阔淀口区等地貌特征，研发了"河道-湿地-前置库"逐级脱氮除磷净化技术。采用分子生物学等技术，在府河筛选出高效脱氮细菌，研发了"A/O"强化湿地自养脱氮技术及工艺；研究了利用改性水厂铁铝泥等固体废弃物高效除磷的前置库技术及工艺。其技术建立了 20 km² 示范区，并在白洋淀生态保护工程中推广应用，为解决非常规补给河流城镇污水处理厂排水标准与受纳河流水质标准的矛盾提供了技术支撑，解决了华北半干旱地区低氧高氨氮河流水质改善的难题，该应用的主要工艺流程见图 4-3。

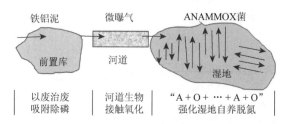

图 4-3 河道-湿地-前置库逐级脱氮除磷技术

（3）生态型（水源）湿地是在水厂取水口上游建设人工生态湿地，通过湿地自然净化功能实现水源质量改善，从而达到提升城乡供水水厂取水水源质量的目的，保障城乡饮用水安全。水源型生态湿地采用塘-湿地多级复合净化系统链模式设计，即前处理塘植物床/沟壕强化湿地-后处理塘的梯级处理模式，简称塘-湿地复合系统（图 4-4）。

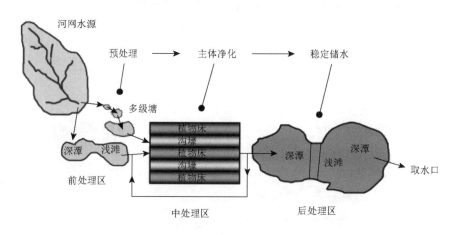

图 4-4 塘-湿地多级复合净化系统链模式示意图

（4）前处理塘（前处理区）发挥储存、滞留、沉降、导流、预处理等功能，植物床/沟壕强化湿地（中处理区）发挥过滤、拦截、吸附、分解、净化等功能，后处理塘（后处理区）发挥水质稳定、储存和输送原水等功能。根据水源水质特征、水质目标、处理水量要求、储存水量、用地条件等情况，综合分析确定工艺流程及各功能区面积。水源生态湿地是以人工诱导与自然恢复相结合，构筑人造根孔与自然根孔复合体，运用水力调控措施促进和提升湿地对水质的处理效果。在水源生态湿地中，预处理区、湿地根孔生态净化区、深度净化区组成串联体，湿地根孔生态净化区中的大沟、小沟、植物床组成并联体，实现串并联结合。采用合理的竖向设计和水力梯度，并结合卡口、堵头水量输配控制，实现多种水力运行管理模式。湿地根孔生态净化区内的植物床-沟壕系统的界面区（边界区）是湿地对各种物质强化去除的"高效反应区"（微生物丰度高、活性强的区域），强化"高效反应区"的反应活性，能够使水陆交错带的功能和边缘响应最大化；通过合理水力调控、局部强化曝气、分段进水、强化物理介质等工艺，可进一步强化水陆交错带的边缘过滤响应，从而提高湿地对各种物质的去除率。在上述原理和思路指引下，进行湿地的合理设计和优化运行。

### 4.1.3　生态浮岛技术

1. 概念与原理

1）概念

生态浮岛是指将植物种植在浮于水面的床体上，使植物在生长过程中利用根系吸收水体中的污染物质，同时植物根系附着的微生物降解水体中的污染物，从而有效进行水体修复的技术。

生态浮岛通常用于生态修复城市、农村的水体污染，也用于建设城市湿地景区等等。生态浮岛是绿化技术与漂浮技术的结合体，一般由 4 个部分，即浮岛框架、植物浮床、水下固定装置以及水生植物组成。生态浮岛示意图如图 4-5 所示。

图 4-5　生态浮岛示意图

2）原理

人工生态浮岛净化水体的原理是利用自然水环境中水生植物、动物、昆虫和微生物的吸收、摄食、消化和分解等一系列生物和化学功能，实现富营养化水体的生态处理。也就是说，这种特殊的光生物载体是根据不同的设计要求进行拼接、组合和建造，并放入受损水体中的。驯化后的水生（陆生）植物，具有较强的吸收水中有机污染物的功能，将其植入自制的漂浮载体种植槽中，使植物在类似无土栽培环境中生长，根系自然伸长，悬浮在水中，吸收水体中的氮、磷等有机污染物，为鱼、虾、昆虫和水中微生物的生存和附着提供了条件，并释放出抑制藻类生长的化合物。在植物、动物、昆虫和微生物的共同作用下，净化水质，修复和重建水生态系统。人工生态浮岛具有结构简单、操作方便、投资少、见效快的特点，是集污水处理功能和景观效果于一体的多功能实用生态设施。因此，在当前环境污水处理和水景观工程中处于有利地位，具有广阔的应用空间和发展前景。

### 2. 结构与特点

生态浮岛是人工浮体。载体大多为白色塑料泡沫、海绵和椰丝纤维，在其上钻出若干小孔（根据材料性质决定是否所需），将耐污、观赏性强或具有一定经济价值的水生植物种到里面，泡沫板用铁丝或竹片连接，固定在水中已打好的桩子上，浮岛可以拉动，有利于收割、栽培。

植物选取以"湿生"为基本原则，优先考虑生长快、分株多、生物量大、根系发达、观赏性好、抗逆能力强、有一定经济价值的品种。我国江南地区的蕹菜、水芹、凤眼蓝、水龙、美人蕉、水竹、黑麦草、香根草等均是较理想的品种。

生态浮岛具有无环境风险和二次污染、造价低、无须占地等优点。除净化水体外，如种植水生蔬菜可创造一定的经济价值，采用不同花期的花卉组合可产生良好的景观美化效果。

### 3. 优缺点

（1）优点：①直接利用水体水面面积，不需要其他占地。充分利用我国广阔的水域面积，将景观设计与水体修复相结合。②可选择的浮床植物的种类较多，载体材料来源广，成本低，多用抗氧化材质，无污染，耐腐蚀，经久耐用。③浮床的浮体结构新颖，形状变化多样，易于制作和搬运，不受水位限制，不会造成河道淤积。④与人工湿地相比，植物更容易栽培。⑤生态浮床管理方便，只需要定期清理维护，在极大程度上减少了人工资源，降低了维护成本和设备的运行费和保养费。⑥生态浮床净化效果好。国内外研究结果表明，在同等面积条件下，生态浮岛的净水效率比人工湿地高出 70%以上。

（2）不足：①栽培不易进行标准化推广应用。不同的湖泊河流，其富营养化水平不同，水流、温度、风速、水体波动等都各不相同，需要相应的浮岛设计组合和浮岛植物种类搭配，很难制定一个统一的标准予以推广应用。②难以推行机械化操作。生态浮岛漂浮在水面上，日常的管理均在水面上完成，目前其管理操作大多采用人工完成，管理养护成本相对较大，在小面积的试验示范中尚可，若大面积推广，需要经常、及时采收，人工操作就不能满足需要，限制其发展。③制作施工周期长。从目前来看多数的生态浮岛都是采用现场制作及现场种植的模式，大面积制作施工周期较长。④难以过冬。生态浮岛上的植物大多数不能过冬，需要在第二年春天重新种植，尤其在冬季天气较冷的我国北方地区生态浮岛上的植物根本不能成活。⑤难抗风雨浪。多数采用大型水生植物及水生蔬菜，难以抵抗极端的大风、大雨及大浪。⑥使用范围受限。目前国内外使用的生态浮岛单体面积较小，大多数是在小面积的河湖中使用，难以对较大的河湖进行生态修复，现需要有超大面积的生态浮岛。

4. 适用范围

针对生态浮岛具有的众多优势，在以下水体均有所应用：
1）富营养化水体

城市内河、湖泊因水体流速慢、停留时间长、受区域城市污染物影响易引起富营养化。以前常用的底泥疏浚等方法存在周期长、耗资大等问题，而生态浮岛技术具有施工简单、工期短、对周围环境影响小、运行成本低（工艺成本可减少 50%以上）的特点，为净化城市河道提供了一条有效途径，可广泛用于富营养化河流及湖泊。种植的经济作物（蔬菜、花卉）可以营销市场以获得经济效益，如大面积建设生态浮岛其收获植物还可通过沼气池加以利用。

2）城镇污水处理厂出水

随着社会不断发展，水资源日益缺乏，水资源再生显得十分迫切。城市污水处理厂出水与景观用水水质要求有一定差距。利用生态浮岛对污水处理厂出水加以净化使之达到景观用水标准。

3）园林水体

国内外对城市生态建设日益重视，而城市土地紧张稀缺，生态浮岛因设置在水面而能有效节约土地资源，所以在园林水体建造人工浮岛即相当于在水面上建造绿地，这对提高城市绿化面积、改善城市生态环境具有重要作用。

5. 研究方向

针对生态浮岛存在的问题，为进一步发挥生态浮岛的效益和应用范围，有关学者应加强以下几方面研究：

一是筛选培育生物量大、对污染物富集能力强的超富集植物。但超富集植物一般生长比较缓慢、生态竞争力不强，多为野生型稀有植物，对气候要求较为严格，引种受到限制。

二是深入系统研究植物群落的生态及植物个体生理学特性，对本地常见的水生（湿生）种质资源收集后开展养分吸收动力性研究，按植物对养分需求进行分类和搭配；探究根系分泌物在微生物群落中所发挥的作用、植物根系和根际微生物的相互作用机理和效应。

三是对被吸入植物体内的有毒有害物质的存在位置和方式加以研究，防止其对人类构成潜在风险，如有必要进一步开展二次污染处置研究。

四是开发新型生态浮岛材料。所研究的轻质载体具有可漂浮于水面、生物亲和力高而利于微生物生长挂膜、环境友好而不产生二次污染、化学性质稳定可长期使用、易安装等特点。赵广胜等研发的"齿合插接型"水生植物景观浮岛基本具备上述特点，但仍需不断加以完善（童国璋和叶旭红，2010）。

## 4.1.4　生态稳定塘技术

1. 概述

生态稳定塘技术是针对污水处理厂排放的尾水氮磷等营养物质含量高，对纳污水体富营养化贡献大的问题，研究开发"稳定塘-湿地"生态净化技术，其主要的机理如图 4-6 所示。开展高效植物生态系统脱氮除磷技术研究，筛选适宜当地条件的高效生物组合，开展生态塘植物浮岛技术、高效植物与水体中微生物对污染物的协同作用规律、复合垂直流人工湿地等技术的研究，以及"稳定塘-湿地"生态系统的运行模式技术研究，攻克"稳定塘-湿地"生态系统协调与控制技术、系统中污染物迁移转化过程控制技术，优化"稳定塘-湿地"生态系统的运行条件，研究净化尾水的利用模式，并进行高效植物生态治理工程经济效益分析，提升污水处理厂尾水出水水质等是生态稳定塘技术发展的重点。

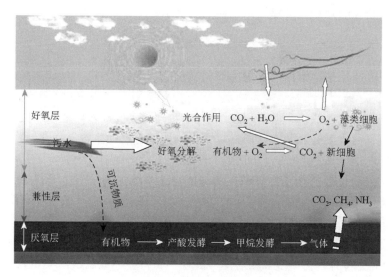

图 4-6　生态稳定塘机理图

### 2. 废水处理机制

稳定塘中富含各种细菌、真菌、微型动物、水生植物和其他类型的微生物，它们主要在以下 6 个方面对污水产生净化作用。

1）塘水的稀释作用

稀释作用是一种物理过程，它并没有改变污染物的性质，但为后续进一步的净化作用提供了适宜的条件。污水进入稳定塘后，在风力、水流以及污染物的扩散作用下与塘内已有的塘水进行一定程度的混合，使进水得到稀释，降低了其中各项污染指标的浓度。

2）沉淀和絮凝作用

污水进入稳定塘后，由于流速降低，其所挟带的悬浮物质在重力作用下沉于塘底。污水的悬浮物（suspended substance，SS）、化学需氧量（chemical oxygen demand，COD）等各种指标得到进一步的降低。此外，稳定塘的塘水中含有大量的、具有絮凝作用的生物分泌物，在它们的作用下，污水的细小悬浮颗粒产生了絮凝作用，沉于塘底成为沉积层。

3）好氧生物的代谢作用

在好氧条件下，绝大部分的有机污染物在异养型好氧菌和兼性菌的代谢作用下得以去除。生化需氧量（biochemical oxygen demand，BOD）可以去除 90% 以上，COD 去除率也可达 80%。

4）厌氧生物的代谢作用

在厌氧环境中，厌氧生物对有机污染物的降解作用一般能够经历厌氧发酵的全过程。

5）浮游生物的作用

在稳定塘中存活着许多种浮游生物。藻类的主要功能是供氧，同时起到去除池塘水中的某些污染物，如氮、磷的作用。原生动物、后生动物及枝角类浮游动物，能够产生起生物絮凝作用的黏液，并吞食游离细菌和细小悬浮状污染物及污泥颗粒，使塘水进一步澄清。

6）水生维管束植物的作用

水生植物通过吸收氮、磷等营养元素，使稳定塘去除氮、磷的功能提高。它们的根部具有富集重金属的功能，可提高重金属的去除率。

3. 类型

以下主要介绍生态稳定塘的 5 种主要类型。

1）好氧稳定塘

好氧稳定塘深度较浅，一般不超过 0.5 m，阳光能直接投入塘底，藻类生长茂盛，光合作用强，全部塘水呈好氧状态，由好氧微生物降解有机污染物及净化污水。BOD 的去除率高，停留时间为 2～6 天时，可达到 80%以上。

好氧塘的一个主要特征是好氧微生物与植物性浮游生物——藻类共生。藻类利用太阳光进行光合作用，合成新的藻类，并在水中放出游离氧。好氧微生物利用这部分氧对有机物进行降解，而这一活动中产生的 $CO_2$ 又被藻类在光合作用中吸收利用。这样在 $CO_2$ 和 $O_2$ 的授受过程中，有机污染物得到降解。好氧塘最大的问题是水中藻类含量高，其藻类 SS 含量可高达每升几百毫克。如对藻类处理不当将会造成二次污染。另外，好氧塘占地面积大，对细菌的去除效果较差。

2）厌氧稳定塘

厌氧塘塘水深度一般在 2 m 以上，有机负荷率高，整个塘水处于厌氧状态，在其中进行水解、产酸以及甲烷发酵等厌氧反应。厌氧塘净化速率低，污水停留时间长，一般作为高浓度有机废水的首级处理工艺。厌氧塘依靠厌氧菌的代谢功能使有机污染物得到降解。厌氧塘多以处理高浓度、水量不大的有机废水为主。

3）兼性稳定塘

塘水较浅，一般在 1 m 以上。塘内存在不同的区域，从塘面到一定深度，阳光能透入，藻类的光合作用旺盛，溶解氧充足，呈好氧状态；塘底为沉淀淤泥，处于厌氧状态，进行厌氧发酵；介于厌氧和好氧之间为兼性区，存在大量的兼性微生物。兼性塘的污水净化是由好氧、厌氧、兼性微生物协同完成的。它是城市污水处理最常用的一种稳定塘。

4）曝气稳定塘

塘深 2 m 以上，由表面曝气器供氧，并对塘水进行搅动，在曝气的条件下，藻类的生长和光合作用受到抑制。曝气厌氧塘是经过人工强化的稳定塘，它采用人工曝气装置向塘内污水充氧，曝气装置多为表面机械曝气器。根据曝气装置的数量、安设密度、曝气强度不同，曝气塘分为好氧曝气塘和兼性曝气塘两类。好氧曝气塘的曝气装置功率较大，足以使塘水中的生物污泥全部处于悬浮状态，并向塘水提供足量的氧。兼性曝气塘曝气装置仅能使部分固体物质处于悬浮状态，存有一部分固体物质沉积塘底进行厌氧分解。曝气塘是介于延时曝气活性污泥法与稳定塘之间的工艺。其净化功能、净化效果以及工作效率方面都明显高于一般类型的稳定塘。污水在塘内的停留时间短，曝气塘所需的容积及占地面积均较小。但由于采用人工曝气，耗能增加，运行费用也有所提高。

5）深度处理塘

深度处理塘通常作为塘系统的最后一级，接纳兼性塘或曝气塘出水，或设置在常规二级生物处理设施后，作为进一步净化有机物、病原菌和去除部分氮、磷之用。深度处理塘在污水处理厂和受纳水体间起缓冲作用。其处理对象为常规二级处理工艺的处理出水，以及处理效果与二级处理技术相当的稳定塘出水。其处理目的是使出水达到一定的标准，以满足受纳水体或回用时对水质的要求。深度处理塘一般采用好氧塘的形式，也有采用曝气塘形式的，用兼性塘的则较少。通过深度处理可使 BOD、COD 等指标进一步降低，进一步去除水中的细菌、藻类以及氮、磷等植物性营养物质。

4. 优势

（1）能充分利用地形，结构简单，建设费用低。污水处理稳定塘系统可以利用荒废的河道、沼泽地、峡谷、废弃的水库等地段建设；其结构简单，以土石结构为主，具有施工周期短、易于施工和基建费低等优点。相比于相同规模常规污水处理厂，生态稳定塘的基建投资可节省 50%～66%。

（2）可实现污水资源化和污水回收及再用，实现水循环，既节省了水资源，又获得了经济收益。稳定塘处理后的污水，可用于农业灌溉，也可在处理后的污水中进行水生植物和水产的养殖。将污水中的有机物转化为水生作物，鱼、水禽等生长所需的物质，进而提供给人们使用或作其他用途。通过综合利用来达到收支平衡，甚至有所盈余。

（3）处理能耗低，运行维护方便，成本低。风能是稳定塘的重要辅助能源之一，经过适当的设计，可在稳定塘中实现风能的自然曝气充氧，从而达到节省电能降低处理能耗的目的。此外，在稳定塘中无须复杂的机械设备和装置，这使稳定塘的运行更为稳定，并能保持良好的处理效果；而且相比于常规污水处理厂，其运行费用节约了 66%～80%。

（4）美化环境，形成生态景观。将净化后的污水引入人工湖中，用作景观和游览的水源。由此形成的处理与利用生态系统不仅将成为有效的污水处理设施，而且将成为现代化生态农业基地和游览的胜地。

（5）污泥产量少。稳定塘污水处理技术的另一个优点是产生污泥量小，仅为活性污泥法所产生污泥量的 10%，前端处理系统中产生的污泥可以送至该生态系统中的藕塘或芦苇塘或附近的农田，作为有机肥加以使用和消耗。前端带有厌氧塘或碱性塘的塘系统，通过厌氧塘或碱性塘底部的污泥发酵坑使污泥发生酸化、水解和甲烷发酵，从而使有机固体颗粒转化为液体或气体，实现污泥等零排放。

（6）能承受污水水量大范围的波动，其适应能力和抗冲击能力强。我国许多城市污水的 BOD 浓度很小，当 BOD 值低于 100 mg/L 时，活性污泥法中的生物氧化沟将无法正常运行，需要额外投加相关的物料。但稳定塘不仅能够有效处理高浓度有机污水，也可以处理低浓度污水。

### 5. 不足之处

其不足之处主要体现在以下几点：一是占地面积过大；二是气候对稳定塘的处理效果影响较大；三是若设计或运行管理不当，则会造成二次污染；四是易产生臭味和滋生蚊蝇；五是污泥不易排出和处理利用。

### 6. 应用案例

"稳定塘-湿地"尾水生态净化技术在临安市城镇污水处理有限公司的尾水深度净化中得到了推广应用，当前已完成 3300 t/d 的城镇污水处理厂尾水"稳定塘-湿地"示范工程的建设。该示范工程为物理-生物脱毒技术、陆生植物浮岛技术、表面流生态湿地技术和潜流湿地技术的高度集成，形成了成套的生态工程技术体系，可有效去除污水处理厂尾水中的氮、磷，并达到相关水质标准。经过该生态工程的处理，污水处理厂尾水中的 COD、$NH_3$-N、TP 的去除率分别为 49%、57%、42%，并为"十二五"建设 60000 t/d 城镇污水处理厂尾水高效植物生态治理示范区提供了详细的运行参数和示范效果。

## 4.1.5　生物操纵技术

### 1. 概念与原理

生物操纵是利用调整微生物群落结构的方法控制水质的一种技术，主要原理是调整鱼群结构，保护和发展大型牧食性浮游动物，从而控制藻类的过量生长。近年来，浮游动物的庇护机制对于生物操纵有重要作用。因此，生物操纵也被重新定义为应用湖库生态系统内营养级之间的关系，通过对生物群落以及生境的一系列调整，进而减少藻类生物量，改善水质。

### 2. 类型

生物操纵技术分为典型生物操纵和非典型生物操纵（图 4-7）。

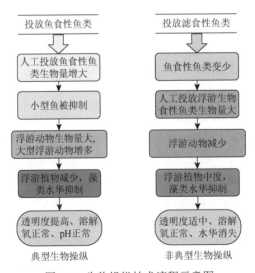

图 4-7　生物操纵技术流程示意图

1）典型生物操纵

通过改变捕食者（鱼类）的种类组成或多维度操纵植食性的浮游动物群落结构，促进滤食效率高的植食性大型浮游动物，特别是枝角类种群的发展，进而降低藻类生物量，提高水的透明度，改善水质。

目前主要有以下两种方法来壮大浮游动物的种群，以保证其对浮游植物的摄食效率：一种是放养凶猛鱼类来捕食浮游动物食性鱼类或者直接捕杀、毒杀浮游动物食性鱼类，但这种方法存在一定的生物滞迟效应，对藻类的抑制作用要取得显著效果需时较久；另一种方法是在水体中人工培养或直接向水体中投放浮游动物，进而避免生物滞迟效应。

湖泊生态系统中上行与下行效应是相互交错进行的。因此，要保持浮游动物食性鱼类和浮游动物种群的长期稳定存在一定难度。而且过分强调对藻类的去除会使得大型浮游动物（如枝角类）的食物来源减少，这也使得其种群无法保持稳定。

典型生物操纵理论在应用中所面临的另一困境就是浮游植物的抵御机制。由于增加了对可食用藻类的捕食压力，不可食用的藻类逐渐成为优势，特别是一些丝状或形成群体的有害蓝藻。蓝藻的个体较大导致浮游动物对其无法食用或摄取率较低，而且蓝藻的营养价值较绿藻低，并能释放毒素抑制浮游动物的生长发育。另外，由于缺少捕食压力以及其他藻类的竞争压力，蓝藻数量快速增长，逐渐形成了蓝藻水华。因此，典型生物操纵理论在治理蓝藻水华中未能取得良好的效果。

生物操纵在轻微富营养化或中营养型的浅水湖泊中容易成功，但在富营养-重富营养的深水湖泊中难以成功，因为通过生物操纵虽然有可能导致可利用磷的降低，但只是将营养盐从湖泊中的一个库转移到另一个库，并没有将过量的营养盐从水体中去除，因此不足以改变表层水中磷的污染负荷，也没有启动有效地对浮游植物的"上行控制"。

2）非典型生物操纵

非典型生物操纵就是利用食浮游植物的鱼类和软体动物来直接控制藻类，治理湖泊富营养化。

具体方法：一种是利用浮游植物食性鱼类（如鲢、鳙）来控制富营养化和藻类水华现象；另一种是利用大型软体动物滤食作用控制藻类和其他悬浮物。

非典型生物操纵就是利用有特殊摄食特性、消化机制且群落结构稳定的滤食性鱼类来直接控制水华，其核心目标定位是控制蓝藻水华。由此可见，非典型生物操纵所利用的生物正是典型生物操纵所要去除的生物，其治理的目标是典型生物操纵所无能为力的。在非典型生物操纵应用实践中，鲢、鳙以人工繁殖存活率高、存活期长、食谱较宽以及在湖泊中不能自然繁殖而种群容易控制等优点成为最常用的种类。

选择滤食性鱼类来控制藻类是由于它们具有特殊的滤食器官，滤食过程中小于鳃孔的藻类将随水流漏掉，大于鳃孔的藻类将被截住，送到消化道。鲢、鳙和滤食性的浮游动物的摄食模式是一样的，但大型浮游动物（如枝角类）一般只能滤食 40 μm 以下的较小的浮游植物，而鲢、鳙能滤食 10 μm 至数毫米的浮游植物（或群体），所以鲢、鳙可以摄食丝状或形成群体的蓝藻，从而起到控制蓝藻水华的作用。此外，鲢、鳙对蓝藻毒素还有较强的耐性。

肯定鲢、鳙控制藻类水华作用的同时也存在质疑的声音，有研究发现鱼产量大于

$100 \ kg/hm^2$ 的湖泊反而有较高的浮游藻类生物量和较低的透明度；但无论鲢、鳙的产量如何，总磷与浮游藻类之间的关系都没有明显的区别，也就是说，鲢、鳙的放养并没有改变浮游藻类与总磷之间的关系，磷依然是影响藻类结构的关键因子。因此，部分研究人员认为鲢、鳙并不能作为控制藻类数量、提高水体质量的生物工具。也有人认为，随着鲢鱼放养密度增大，水中总氮、总磷的总量也增加。氮和磷的增加，又促进了浮游植物大量繁殖，加剧了水体富营养化。

3. 特点

生物操纵技术不像截污工程和引污工程对控制外源性营养物质那样效果明显而直接，它最大的特点是节省投资，并有利于建立合理的水生生态循环。

4. 应用案例

在武汉东湖的非典型生物操纵控藻取得了十分显著的效果。自 1971 年起，每年向东湖投放以滤食性鲢、鳙为主的鱼种，其完全以湖中自然存在的饵料生物为食，不额外投放肥料和饲料。随着鱼产量的逐步上升，东湖蓝藻水华于 1985 年消逝。就这样在东湖面积达 12 $km^2$ 的湖区，通过放养滤食性鱼类完全消除蓝藻水华达 30 多年之久。

## 4.1.6 退耕还林、退耕还田

1. 实施背景

长期以来，盲目毁林开垦和进行陡坡地、沙化地耕种，造成了我国严重的水土流失和风沙危害，洪涝、干旱、沙尘暴等自然灾害频频发生，人民群众的生产、生活受到严重影响，国家生态安全受到严重威胁。1999 年，四川、陕西、甘肃三省率先开展了退耕还林试点，由此揭开了我国退耕还林的序幕。2002 年 1 月 10 日，国务院西部开发办公室召开退耕还林工作电视电话会议，确定全面启动退耕还林工程。

2. 规划与进展情况

退耕还林还草是党中央、国务院站在中华民族长远发展的战略高度，着眼于经济社会可持续发展全局，审时度势，为改善生态环境、建设生态文明做出的重大决策。1998 年特大洪灾后，党中央、国务院将"封山植树，退耕还林"作为灾后重建、整治江湖的重要措施。1999 年起，按照"退耕还林（草）、封山绿化、以粮代赈、个体承包"的政策措施，四川、陕西、甘肃三省率先开展退耕还林还草试点，2000 年在全国范围内全面启动退耕还林还草工程。工程建设取得了显著的综合效益，促进了生态改善、农民增收、农业增效和农村发展，有效推动了工程区产业结构调整和脱贫致富奔小康。

2015 年中共中央、国务院印发的《生态文明体制改革总体方案》提出：编制耕地、草原、河湖休养生息规划，调整严重污染和地下水严重超采地区的耕地用途，逐步将 25°

以上不适宜耕种且有损生态的陡坡地退出基本农田。建立巩固退耕还林还草、退牧还草成果长效机制。2018 年印发的《中共中央　国务院关于打赢脱贫攻坚战三年行动的指导意见》要求：加大贫困地区新一轮退耕还林还草支持力度，将新增退耕还林还草任务向贫困地区倾斜，在确保省级耕地保有量和基本农田保护任务前提下，将 25° 以上坡耕地、重要水源地 15°～25° 坡耕地、陡坡梯田、严重石漠化耕地、严重污染耕地、移民搬迁撂荒耕地纳入新一轮退耕还林还草工程范围，对符合退耕政策的贫困村、贫困户实现全覆盖。2019 年国务院又批准扩大山西贫困地区陡坡耕地、陡坡梯田、重要水源地 15°～25° 坡耕地、严重沙化耕地、严重污染耕地退耕还林还草规模 2070 万亩（1 亩≈666.67 m$^2$）。新一轮退耕还林还草的总规模已超过 1 亿亩。

### 3. 建设成效

退耕还林工程的实施，改变了农民祖祖辈辈垦荒种粮的传统耕作习惯，实现了由毁林开垦向退耕还林的历史性转变，有效地改善了生态状况，促进了中西部地区"三农"问题的解决。具体表现在以下几个方面：水土流失和土地沙化治理步伐加快，生态状况得到明显改善；大大加快了农村产业结构调整的步伐；保障和提高了粮食综合生产能力；较大幅度增加了农民收入；促进了基层干部和广大群众思想意识的根本转变。

退耕还林是中国生态文明建设的重要组成部分，符合"绿水青山就是金山银山"的发展理念。退耕还林不仅是一项生态恢复工程，也是一项重要的民生工程，对中国西部地区的生态环境改善和经济发展起到了积极作用。通过改善生态环境促进农村经济发展和农牧民增收助力乡村振兴；通过增加森林面积吸收和储存二氧化碳助力实现碳中和目标。

## 4.1.7　径流污染控制

### 1. 径流污染的概念及来源

山地城镇湖库集水区内地形坡度较大，降水汇流时间短，地表冲刷严重，随着地表径流汇入河流和湖库中的污染物也是重要的外源负荷输入。主要来自旱季地表、屋面的污物，在降雨期径流的冲刷作用下，经雨水管道进入水体，导致了水体的污染。

### 2. 技术及运用

径流污染控制技术主要针对地表径流，在地表径流流动过程中，利用植草沟、雨水塘、下渗绿地等渗滤、滞控措施对径流进行拦蓄、下渗等处理，其比较成熟的技术有渗滤技术、梯级前置库技术和生态滞控技术等。

（1）渗滤技术主要包括生物促渗减流技术、大坡度路肩带渗滤技术以及地表径流控制组合生态滤池技术等。生物促渗减流设施是由 0.7～1 m 深的砂质壤土或壤质砂土及种植其上的植物组成的。在径流渗透过程中，通过沉淀、过滤、吸附以及生物过程达到对地表径流的滞留与净化作用（图 4-8）。生物促渗减流技术主要作用为通过暂时的填洼蓄水和向深层土壤入渗，地表径流中的污染物经沉淀与基质过滤、吸附而去除。可以种植草坪或灌丛，植物能够起到过滤和滞留地表径流的作用，根系发达的草本植物还有利于促进地表径流的入渗。当亚表层土壤渗透率较低时，在草坪底部布置碎石层，暂时滞留径流，为径流提供继续向深层土壤入渗的时间，过多的径流可通过在碎石层设置开孔排水管，排放至市政雨水管网。植被是复杂地质条件下促渗技术的重要组成部分，不仅对地表径流起着过滤与蒸腾的作用，而且发达根系植物的选择具有促进地表径流入渗的能力。另外，植被对污染物的去除也发挥着重要的作用。选择植物时应该遵循乡土种、根系发达、耐淹耐旱以及具有景观性等原则，但是该项技术不太适合地下水位较浅或底部为岩石结构的地区。

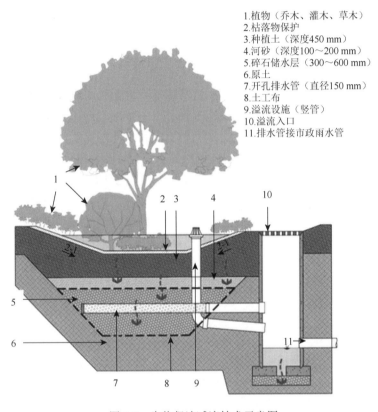

1.植物（乔木、灌木、草木）
2.枯落物保护
3.种植土（深度450 mm）
4.河砂（深度100～200 mm）
5.碎石储水层（300～600 mm）
6.原土
7.开孔排水管（直径150 mm）
8.土工布
9.溢流设施（竖管）
10.溢流入口
11.排水管接市政雨水管

图4-8 生物促渗减流技术示意图

（2）大坡度道路径流路肩带渗滤技术由植草沟与渗透渠结合形成。梯级渗滤系统主要包括路肩带片流进水、植被过滤区、滞留渗滤区、梯级堰以及溢流排放设施（图4-9）。其中，滞留渗滤区又包括滞水空间、植物层、种植基质层、过滤层、储排水层。城镇道路产生的地表径流通过路肩带分散排入植被过滤区。地表径流经过植被过滤区沉淀、过滤后，汇集到滞留渗滤区。地表径流在下渗的过程中，污染物主要通过沉淀与基质过滤、吸附而去除。滞留渗滤区底部的碎石储排水层，暂时滞留地表径流，为径流提供时间继续向深层土壤入渗，过多的径流可通过在碎石层布置开孔排水管排放。梯级渗滤系统对道路地表径流起到滞留渗滤作用，又可以承担地表径流的排放功能。梯级堰的设置使该系统可应用在坡度达10%的地区，适合处理山地城镇大坡度道路地表径流。滞留渗滤区的设置使该系统在减少地表径流的同时，改善汇入湖库的径流水质。

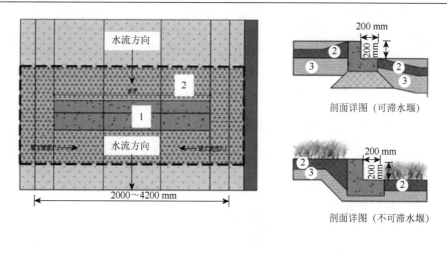

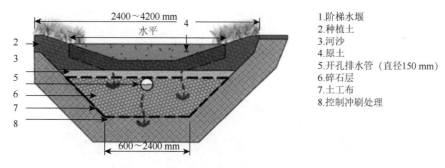

1.阶梯水堰
2.种植土
3.河沙
4.原土
5.开孔排水管（直径150 mm）
6.碎石层
7.土工布
8.控制冲刷处理

图 4-9　大坡度道路径流路肩带渗滤技术示意图

（3）梯级前置库式适用于山地湖库岸际水深较深（≥4 m）、湖岸坡度较大（放坡比大于 1∶1）、有较多的雨水进入的区域。雨水口梯级调蓄通常由三部分组成，分别为调蓄系统、溢流系统和净化系统。一定区域的地表径流在经过汇流后由管道输送进入梯级调蓄池，初期雨水被收纳调蓄后，后期相对洁净的雨水管来水由溢流系统溢流进入湖体（图 4-10）。山地城镇湖库往往面临着岸坡陡、岸边水深较大的问题，通过设置雨水口梯级调蓄池，利用调蓄池的两级顶板，在陡岸地区形成平坦的干区和浅水区域，其均可用于营造湿地系统。雨季的溢流出水经过调蓄池低区顶板上的浅水区湿地处理净化后再进入湖体。存纳在雨水调蓄池中的初期雨水，在经调蓄池预沉降后，在旱季期，利用布设在调蓄池内部的提升泵，提升至高区顶板上的人工湿地，处理后跌水进入低区浅水湿地，经两级净化后最终进入湖体，实现雨水口的径流污染控制。

（4）生态滞控技术即利用生态手段来控制径流污染的一项技术，其中组合模块式大坡度径流控制生态滤池系统是传统砂滤与人工湿地的结合，具有底部排水系统的砂砾床暴雨径流过滤设施，砂砾床的顶部可以种植耐水淹的植物，是一项较为先进的生态净化技术（图 4-11）。污染物主要为总悬浮固体以及其他颗粒态污染物（N、P），在过滤速率较高的条件下，可满足暴雨径流污染的控制要求。对地表径流水质的处理机理主要为沉淀、过滤和生物转化。当发生降水时，截流的地表径流进入生态滤池沉淀室，随后径流潜流进入三级砂床，填满砂床的空隙，最后由垂直开孔集水管收集排放。除了通过基质沉淀、

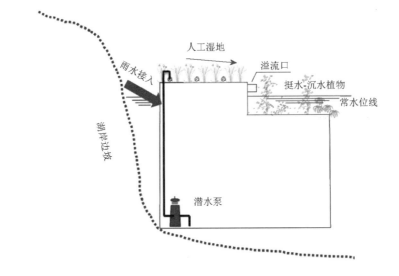

图 4-10 梯级调蓄池处理技术示意图

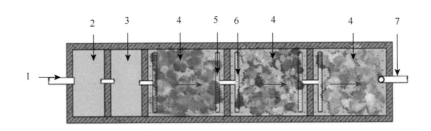

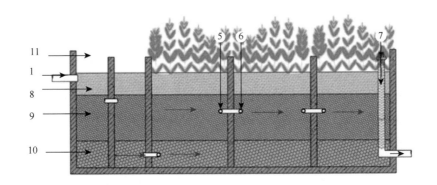

1.进水管
2.一级沉淀池
3.二级沉淀池
4.生态滤室
5.开孔集水管
6.开孔布水管
7.排水管
8.河砂/种植土 (深度250 mm)
9.瓜米石 (深度300 mm, 直径10~20 mm)
10.碎石 (深度200 mm, 直径40~50 mm)
11.水生/湿生植物 (鸢尾、风车草、千屈菜等)

图 4-11 组合模块式大坡度径流控制生态滤池技术示意图

过滤和吸附等作用直接去除污染物外，水生或湿生植物的种植，通过茎和根向根区输送氧，从而使根区附近变为好氧环境，有利于有机物的好氧分解，而在远离处形成缺氧、厌氧环境，使床体中呈现连续的好、缺、厌氧环境，促进硝化、反硝化反应连续进行，因此极有利于氮的去除。此外，植物可通过吸收地表径流中的氮、磷而将污染物去除。在植物配置方面，宜选择高大禾草类草本植物须芒草和玉带草。

# 4.2　湖滨带生态修复

湖滨带主要分为缓坡型湖滨带和陡坡型湖滨带，要实现其生态功能需要从植被、湖滨鱼类栖息、水鸟栖息地、底栖动物、爬行和两栖动物、小型哺乳动物、附着生物、农田地表径流、山地水土流失、地下径流、湖库水质净化、水土保持和护岸等方面进行相关设计。对于缓坡型湖滨带生态修复着重考虑生物多样性保护功能，包括重要湿地保护、洄游通道保护、鱼类栖息地保护、濒危珍稀动物保护等方面。

## 4.2.1　缓坡型湖滨带生态修复

缓坡型湖滨带生态修复包括滩地型、退田型、房基型、鱼塘型、大堤型、码头型以及其他专有修复模式的生态修复。

### 1. 滩地型湖滨带

滩地型湖滨带主要分布于地势平缓地区，其生态退化主要是由于人为干扰。其生态功能恢复，需要在保留原有生态系统的基础上，重点考虑生物多样性的保护。设计时，应按照陆生生态系统向水生生态系统逐渐过渡的原则，设置乔灌草带、挺水植物带、浮叶植物带和沉水植物带。对于湖滨大型底栖动物和鱼类退化严重的区域，需要特别关注并增加相应的栖息地设计和改善措施。同时，植物带的设置应充分考虑水位高程及其变化，以确保植物的正常生长和生态功能的发挥。

### 2. 退田型湖滨带

退田型湖滨带主要受到农田侵占的影响，其地形地貌受到一定程度的破坏。其生态功能恢复，应以农田径流水质净化为主要目标，并尽量将其结构恢复为滩地型。在植物配置中，应采用根系发达的大型乔木来净化农田区浅层地下径流。同时，为了维持基底的稳定性，需要加固原有农田外围的护岸设施。如果护岸工程对浮叶带植物的生长影响较大，可以考虑设计缺失浮叶带的不完全演替系列。

### 3. 房基型湖滨带

房基型湖滨带的特点是被村落房屋侵占，导致湖滨生态系统受到严重破坏。其生态功能恢复，应采取生物多样性保护为主的修复策略。对于能够完全退房还湖的区域，应进行基底修复，并尽量将植被恢复为滩地型结构。对于无法完全清退的房屋，可以拆除部分房屋并设计生态岸坡进行护岸处理。同时，根据实际情况，可以考虑设计陆生植被带、浮叶植物带或挺水带缺失的不完全演替系列。

### 4. 鱼塘型湖滨带

鱼塘型湖滨带的现状是大面积鱼塘，其水质恶化和生态系统受损。为了恢复其生态功能，可以将其修复为多塘湿地。在基底修复中，需要拆除鱼塘塘埂至水面以下，仅保留塘基。然后，将上部石料与塘埂内的土料混合后，就地抛填在塘埂两侧形成斜坡。对于水面以下部分，应每间隔一定距离将塘基清除，使塘内外土层沟通，塘基呈散落状分布。同时，需要覆土覆盖鱼塘污染底泥。对于底质污染较重、底泥较厚的鱼塘，应先进行清淤再拆除塘基，以防止退塘时淤泥再悬浮污染湖泊水质。在植物修复方面，应根据各鱼塘的水深、水位波动来种植挺水植物、浮叶植物和沉水植物等。

### 5. 大堤型湖滨带

大堤型湖滨带的特点是被大堤隔断，外湖滨带被用地侵占，内湖滨带受风浪侵蚀，植被退化。为了恢复其生态功能，应对外湖滨带构建人工湿地，并修复乔灌草带、挺水植物带和浮叶植物带。对于内湖滨带，有条件的区域可以抛石消浪或进行生态堤岸改造。同时，应以恢复沉水植物为主进行植物修复。

### 6. 码头型湖滨带

对于规划新建或改造的码头区域，应尽量考虑架空设计以减少硬化面积。未硬化区域可以修复为不完全演替系列的植被系统。同时，被码头隔断的湖滨带应通过廊道进行连接，以确保生态系统的连通性和完整性。

### 7. 其他专有模式

对于其他专有的修复模式，应遵循湖滨带生态功能定位，采用因地制宜的原则进行设计。同时，应维持湖滨带的自然性和生境的复杂性，确保生态系统的健康和稳定。

## 4.2.2　陡坡型湖滨带生态修复

陡坡型湖滨带主要分为山地型、路基型和退房型。

### 1. 山地型湖滨带

山地型湖滨带现状为山体直接入湖，地势较陡，湖滨带宽度较窄。根据其生态功能定位，如果需要控制水土流失，则植被修复应仅限于陆生植被，采用不完全演替系列修复模式。如果该区域具有大型底栖动物和鱼类的栖息地功能且生态受损，则需要通过基底构建、生态岸坡构建、群落调整等措施，恢复附生藻类的生物多样性，并构建底栖动物和鱼类的栖息地。

2. 路基型湖滨带

路基型湖滨带的特点是路基侵占湖滨带，陡岸湖滨带生态受损。这种类型的湖滨带主要需要发挥护岸功能，同时也要考虑生物多样性的保护。在实施修复时，应采取消浪技术、构建生态岸坡，并营造鱼类及其他水生动物的栖息地。

3. 退房型湖滨带

退房型湖滨带被房基侵占，导致陡岸生境受损。由于陡岸型湖滨带的生态较为脆弱，因此侵占的房屋应全部清退。这种类型的湖滨带以生物多样性保护功能为主，通过消浪技术、构建生态岸坡、营造鱼类及其他水生动物的栖息地进行生态修复。

## 4.2.3　湖滨带物理基底修复设计

湖滨带的物理基底修复主要包括以下几个方面：一是控制沉积和侵蚀，保持湖滨带物理基底的相对稳定；二是减少风浪、水流等不利水文条件对湖滨带生物的消极影响；三是对由人类活动改变的地形地貌进行修复与改造。

物理基底修复主要包括物理基底稳定性设计和物理基底地形、地貌的改造。消浪技术是基底稳定性设计中的重要内容，可通过设置消浪潜坝或消浪丁坝的方式进行消浪。在消浪的同时，根据湖滨带地貌、周边设施、岸坡形态、风浪条件等，确定湖滨护岸结构型式。消浪潜坝的构筑根据风浪作用情况一般可考虑抛毛石结构体消浪、块石和人工预制块体组合结构体消浪、钢丝石笼结构体消浪等技术（图 4-12）。

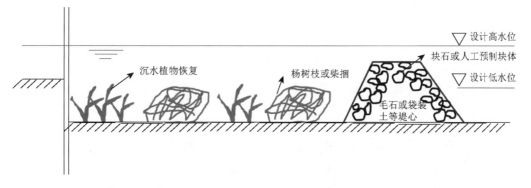

图 4-12　毛石消浪潜坝示意图

当有鱼类生境条件修复工艺需要时，潜坝结构体可通过人工预制空腔块体或块石、人造构筑物、鱼礁、涵管等形成空腔，并视湖滨带现场情况结合利用乔木根部绑扎竹排，或抛石坡脚位置投放树枝及柴捆等，在竹排之间形成缓流区，供鱼类栖息繁衍。

当湖滨带受风浪影响方向较为固定时，根据地质、地形、风浪及水流条件，宜布置丁坝或丁坝群进行消浪或减小水流冲击作用。

湖滨护岸结构型式应遵循因地制宜、技术可靠、经济合理的原则，分类型研究确定。

一般情况下，湖滨带自然形态无须刻意突出人工护岸（护坡）结构的实施，宜在满足其稳定状态下保留其自然特征。一般可将湖滨带护岸（护坡）在构造型式上分为路堤型、农田型、山坡型、房基拆除型等，其常规的生态岸坡结构式或工艺如表4-1所示。

表4-1　生态岸坡结构或工艺

| 类型 | 工艺/结构 | 材料 | 效果 |
| --- | --- | --- | --- |
| 路堤型湖滨带护岸/坡 | 直立式/路堤斜坡护面 | 坡脚抛掷块石、人工预制块体 | 具防护能力和生态功能 |
| 农田型湖滨带护岸/坡 | 多孔隙护坡、护脚结构 | 植物绿篱带、砌石、石笼 | 具防冲刷和生态功能，对现有树木形成防护能力 |
| 山坡型湖滨带护岸/坡 | 加固山坡，结合消浪筑物布置改善山坡坡脚生境 | 零散抛掷大块石、人工预制构件 | 稳定边坡，营造水生动植物栖息繁衍环境 |
| 房基拆除型湖滨带护岸/坡 | 恢复斜坡形态、块石构筑护面和镇脚基石 | 反滤层、块径石料 | 恢复原生态形态和稳定坡面 |
| 植草空心块（砖）生态型护岸 | 斜坡面层铺设、阶梯式或台阶式堆砌 | 植草空心块（砖） | 稳定护面、提供较好生存环境、渗透性好、景观效果好 |
| 石笼生态型护岸 | 阶梯式、斜坡式或多种型式组合 | 石笼 | 稳固防护能力、渗透好、提供较好生存环境 |
| 生态混凝土（球、块）生态型护岸 | 生态混凝技术 | 生态混凝土 | 保护堤岸、富集植物和微生物 |
| 抛石防护生态型护岸 | 自然抛置 | 自然卵石或块石 | 防治岸坡水土流失、为生物提供生存空间 |
| 景观石护岸 | 混凝土结构、碎石反滤层 | 混凝土、碎石 | 护岸防护与景观配套 |

此外，对陡坡型的湖滨带生态修复还需要从湖滨带群落调整方面考虑。恢复初期，选择合适的修复模式，筛选较大的生态耐受范围及较宽生态位的先锋植物种类，以适应初期的生境环境，补充缺失植物带，初步构建水生植物序列；恢复中期，湖滨带物种多样性不高，植物配置以填补空白生态位为主，对群落结构进行优化，使原有群落逐渐稳定；水质恢复后期，应充分考虑湖滨动-植物整体生态系统的健康性、稳定性，全面恢复水鸟、鱼类、底栖动物、水生植物等高级生态系统，保育和维护湖滨带生物多样性。群落调整主要从优势种选择、植物群落配置和动植物群落优化三个方面采取相关措施。

对于优势种的选择首先应考虑水生植物生物学特征、耐污性，对N、P去除能力以及生态系统演替规律，需要遵循四条基本原则：一是满足功能需求原则；二是本地种优先原则；三是适应当地环境原则；四是最小风险和最大收益原则。对于植物群落配置，水生植物群落的配置常以植被的历史演变特征或相近健康湖滨带的群落结构为参考，配置多种、多层、高效、稳定的植物群落，主要措施包括确定合适的物种数、进行合理的空间配置和节律匹配等。一般情况下，由沿岸向湖心方向依次配置乔灌草、挺水植物、浮叶植物和沉水植物所组成的植物系列。节律配比可保证植物群落生态环境功能具有较强的周年连续性。对于动植物群落优化配置，需要通过一定的措施或生境干扰，调整各种群组成比例和数量、种群的平面布局，以优化种群稳定性。主要的措施包括生境控制、物种筛选、人工捕捞收割等。通过栖息地生境营造、食物补充、人工招引和野化放归等措施，实现湖滨动物群落优化配置。生境营造包括调整水位及水域面积、营造生境阻断、恢复自然驳岸、营造鱼洞和微生境等。

# 第5章 河道形态修复技术

河道形态修复技术是指尊重河道的天然形态，修复河道的纵向形态、横向形态以及垂向形态，使河道蜿蜒曲折的形态得以保留，从而保护河道的多样性。河道形态修复需遵循以下原则：其一，应分析防洪、排涝、灌溉、供水、航运、水力发电、文化景观、生态环境、河势控制和岸线利用等各项开发、利用和保护措施对河道整治的要求，确定河道整治的主要任务。其二，协调好各项整治任务之间的关系，综合分析确定河道整治的范围。其三，符合整治河段的防洪标准、排涝标准、灌溉标准、航运标准等，并应符合经审批的相关规划；当整治设计具有两种或两种以上标准时，应协调各标准间的关系。其四，与岸线控制、岸线利用功能分区控制等要求相一致，并应符合经审批的岸线利用规划。其五，满足河道整治任务、标准、治导线制定、整治河宽、水深、比降、设计流量等河道整治工程总体布置要求，并满足河道整治设计相关规范、标准的规定。其六，宜从有利于河道生态环境健康的角度，进行河道生态治理的平面形态布置、断面形式设计，分析确定河道不同季节适宜的生态径流量。

山区河流，尤其是中小型山区（包括高原）河流分布广泛，因山区地形和地质结构复杂、气候差异悬殊、自然条件恶劣，山区河流具有暴雨后洪峰出现时间短、洪峰流量大、河道坡降陡、洪水洪枯变幅大、洪水冲刷力强、河岸植被脆弱、水土流失严重等显著特点。山区性河流的规划整治宜首先满足河道水利防洪整治的需要，确定整治的重要河段和重点部位，一般以城镇、集镇、村庄、耕地面积集中成片的河段为重要河段，以易垮塌、易冲刷、决口损失较大的地段为重点部位。对河道的岸线、堤线进行上下游、左右岸统筹布置，河道转弯半径不宜太小，适度调整河势和流向，充分发挥天然河道的作用。此外，尚需处理好整条河道的平面、断面之间的关系，提高堤防护岸迎水面的防冲能力。对河道形态的修复主要从岸边带保护与修复、河流基底修复以及河流连通性恢复这三个方面开展。

## 5.1 岸边带保护与修复

岸边带保护与修复主要考虑缓冲带强化、生态护岸改造以及近岸植物带修复三个方面。

### 5.1.1 缓冲带强化

缓冲带的强化包括生态拦截沟渠建设、绿篱隔离带、下凹式绿地、生物滞留带等措施或梯级组合工艺。

1. 缓冲带主要功能

缓冲带主要功能包括入湖污染净化功能、保护河湖、生态休闲娱乐功能、栖息地功能和经济价值。

（1）入湖污染净化功能：利用缓冲带植物的吸附和分解作用，减少来自农业区的氮磷等营养物质进入河道，形成控制面源污染的最后一道防线，达到保护和改善水质的目的。

（2）保护河湖：减缓人为活动干扰，控制水土流失，防止河床冲刷，减少泥沙进入河道。

（3）生态休闲娱乐功能：缓冲带在溪流沿岸构成了一道自然风景线，美化了河流生态景观，改善了人居环境。

（4）栖息地功能：为鸟类等野生动物提供了栖息场所。

（5）经济价值：促进生态农业、观光农业、休闲农业的协调发展，增加群众收入，实现了经济效益和生态效益双赢。

2. 生态拦截沟渠的概念及运用

生态拦截沟渠一般指种有植被的地表沟渠，用于拦截降水后初期径流污染。生态沟渠建设应综合考虑区域特性、经济发展水平、气象水文、土壤、地形、地下水埋深、种养结构等方面的实际情况。生态拦截沟渠建设鼓励利用原有排水沟渠进行改造和提升，适用于城镇滨河道路两侧、公园绿地等区域。作为生物滞留设施、湿塘等低影响开发设施的预处理设施，生态拦截沟渠可用于衔接河流、绿地和城镇雨水管渠系统等；可作为雨水后续处理的预处理措施，与其他径流污染控制措施（渗透设施、生物滞留带等）联合使用，易于与不透水区域或其他处置措施自然连接，达到较好的景观效果。生态拦截沟渠适用于小流量，设计降水量初雨一般在浙江省为 8～10 mm。停留时间不短于 9 min，植物高度一般为 100～150 mm。根据土壤类型，其最大流速不超过 0.8 m/s，流速过快会导致植被倒伏，并降低过滤性能。当浅沟有渗透设计时，要求最高地下水位至少 1 m。其断面常见形式有三角形、梯形和抛物线形。

3. 绿篱隔离带的概念及运用

绿篱隔离带以围堰形式净化水质，围堰主体结构为防腐木围栏，围栏间隙填充不同颗粒级别的填料，对大颗粒污染物进行过滤，分级吸附污染物。在围堰中种植吸收氮、磷能力强的水生植物，起到削减氮磷、净化水质的作用。

城镇型河流生态缓冲带外围人类活动频繁，影响缓冲带生态功能，宜采用隔离性较好的绿篱植被。绿篱由小灌木构成，高度在 1.2～1.6 m，以隔绝不合理的人为活动。在适当位置开缺，方便居民和游人休闲活动。村落型河流生态缓冲带外围受人类和牲畜活动影响，宜采用结构比较稳定、隔离性能较好的绿篱植被（由灌木或小乔木密植构成）。

4. 下凹式绿地的概念及运用

下凹式绿地是一种高程低于周围路面的公共绿地，利用开放空间承接和储存雨水，达到减少径流外排的作用。与植被浅沟的"线状"相比，主要是"面"能够承接更多的雨水，且其内部植物多以本土草本为主。主要通过植被和土壤的物理、化学及生物作用净化径流雨水，削减径流污染物以及调节径流和滞洪。

5. 生物滞留带的概念及运用

生物滞留带是一种具有地表径流滞蓄、净化作用的仿自然生态处置技术，主要由预处理设施、进口设施、蓄水层、植物、树皮覆盖层、种植土和填料层、砾石排水和溢流设施组成。通过树皮、土壤、微生物、植物等物理、化学和生物作用处置雨水，利用植物截留、土壤渗滤净化雨水。生物滞留带能有效减少径流中的悬浮固体颗粒和有机污染物，通过植物截留及土壤滞蓄，降低雨水径流流速，削减洪峰流量，减少雨水外排。

## 5.1.2　生态护岸改造

对于已硬质化的河流岸线，在满足防洪安全的前提下，依据场地条件开展自然岸线恢复和生态护岸改造，恢复河湖自净与生态功能。生态护岸应满足岸坡稳定、行洪正常、材料自然、河水与土壤相互渗透、造价经济等要求。生态护岸设计应具有自然性与生态性，选用安全性和稳定性高的护岸型式。城镇河流、渠道设计流速小于 3 m/s，岸坡高度小于 3 m 的岸坡，宜采用生态型护岸型式或天然材料护岸型式。可选取的技术有：土工椰网加固草坡驳岸、堆石＋柴捆驳岸、生态混凝土砌块＋植物、松木桩＋植物、多排水生植物卷护岸、灌枝垫护岸等。

城镇河流护岸型式由防汛要求及周边土地利用状况决定。在水力条件和周边区域用地条件允许的情况下，尽量用斜坡式代替复式断面，此类型岸线更加柔化，河岸带横向连通性较好，有利于水生植物全系列布局。公共活动密集区护岸附近可布置亲水平台和步道，以满足人们亲水需求。堤防型河流形态基本固定且周边区域用地限制较大，河道形态调整难度大，该类型生态缓冲带宜遵循现有的形态布局。在流速、水深条件允许情况下，尽可能采用生态材料，使河道柔性化，营造适合动植物和微生物的生境，构建完整的水生生态系统，利于水质净化。非特殊水功能区域的村落河岸带主要在保证水安全的基础上，保持河流的自然属性。护岸型式以钢筋混凝土仿木桩＋草皮护坡为主。尽量采用天然材料，水生植物全系列布局，营造"凸岸-凹岸"交替的自然河道形态，增加河岸带生境异质性和生物多样性。靠近居民点附近的人为活动聚集区可适当添置简易的亲水设施。

## 5.1.3　近岸植物带修复

对于植物带修复，其主要遵从生态优先、植物多样性、因地制宜、适地适植、乡土植物为主、生态安全的原则进行修复。对于植物种类，需选择耐淹能力强，能忍耐夏季伏旱，根系发达，固土能力强的多年生植物，能耐贫瘠，易成活，具有较强的萌芽更新能力。此外，优先选择实生苗。植物的配置方式在消落带的下部一般以多年生草本植物为建群种，构建低矮草本植物群落；对于消落带的上部一般以乔木为建群种，构建乔木、灌木、草本植物多层次复合群落。植物带不仅需要培育更需要后期维护，需要加强栽植后管护，及时进行栽后管护，及时进行苗木培土、扶正、抗旱浇水，汛期后清理树枝上的漂浮物，确保苗木成活和生长。栽植成活率未达 80% 的地块，应在下一栽植季节及时进行补植。加强病虫害监测及防治。应采用生物或物理防治，不得采用化学防治。禁止植被生态修复区内放牧、农事耕作、使用化肥与农药。对栽植之后的消落带植被，采取近自然化经营管理理念，充分利用自然力修复和发展植被，避免植被的人工化。

## 5.2　河流基底修复

河流的基底是河流生态系统发育与存在的载体，一般包括底质、地形、地貌等。对于河流基底的恢复从生态角度考虑主要是基底生物多样性、底泥资源化和生态疏浚这三个方面，其中生态疏浚见 3.2.1 节。

### 5.2.1　基底生物多样性

基地生物多样性主要包括底栖动物和底泥微生物多样性两个方面。底栖无脊椎动物（benthic invertebrates）是生活史的全部或大部分时间生活于水体底部、底泥上部的水生动物。主要包括节肢动物（昆虫纲、甲壳纲）、环节动物（水栖寡毛类、水蛭类）、软体动物（螺类、蚌类）、扁形动物（涡虫）和线形动物（线虫）等。底栖动物具有耐污差异、分布广泛、相对易于辨别和鉴定等特点，是河流、湖库生态系统健康评价中应用最广泛的生物。常用的底栖动物指数分为单因子指数、多样性指数。单因子指数中生物指数（biotic index，BI）是美国国家环境保护局重点推荐使用的水质生物评价指数之一。底栖动物 BI 特点是在公式中加入了不同分类单元（主要是属、种）的耐污值。耐污值是指生物对污染因子的忍耐力，耐污值越高，表明生物耐污能力越强；越低，则越敏感。耐污值的高低反映了生物对污染的敏感性。多样性指数是利用群落内物种多样性来表征基底底泥及水质的污染程度。目前的生物多样性指数中，香农-维纳（Shannon-Wiener）多样性指数、辛普森（Simpson）多样性指数应用最广泛。

基底底泥微生物是湖库基底的初级生产者和分解者，参与底泥元素转化，是有机质分解矿化，C、N、S 等元素生物地球化学转化，温室气体排放以及污染物降解等的主要参与者，在物质循环和能量流动中起着必不可少的作用。微生物能同时降解水体和底泥沉积物中的污染物，对于淡水中污染物的迁移、转化和水生生态系统的修复作用都不可忽视。微生物多样性指标广泛应用于环境监测与评价。微生物多样性主要包括群落结构多样性、功能多样性以及遗传多样性。本节采用应用最为广泛的 Shannon-Wiener 多样性指数、Simpson 多样性指数，其中基底生物多样性指标见表 5-1。

表 5-1　基底生物多样性指标详表

| 类别 | 指标名称 | 参数范围 | 指标级别 |
|---|---|---|---|
| 基底动物多样性 | 生物指数（BI）[a] | BI<4 | 高 |
| | | 4≤BI<7 | 中 |
| | | BI≥7 | 低 |
| | Shannon-Wiener 多样性指数（SWD）[b] | SWD≥3 | 高 |
| | | 1≤SWD<3 | 中 |
| | | SWD<1 | 低 |
| | Simpson 多样性指数（SD）[c] | 0.75≤SD<1 | 高 |
| | | 0.50≤SD<0.75 | 中 |
| | | SD<0.50 | 低 |
| 基底微生物多样性 | Shannon-Wiener 多样性指数（SWD） | SWD≥3 | 高 |
| | | 1≤SWD<3 | 中 |
| | | SWD<1 | 低 |
| | Simpson 多样性指数（SD） | 0.75≤SD<1 | 高 |
| | | 0.50≤SD<0.75 | 中 |
| | | SD<0.50 | 低 |

a：$BI = \sum\limits_{i=1}^{n} n_i t_i / N$。$n_i$ 为种 $i$ 的个体数；$t_i$ 为种 $i$ 的耐污值；$n$ 为种类数；$N$ 为个体数。

b：$SWD = -\sum\limits_{i=1}^{n} \left( \dfrac{n_i}{N} \right) \times \log_2 \left( \dfrac{n_i}{N} \right)$。$n_i$ 为种 $i$ 的个体数；$n$ 为种类数；$N$ 为个体数。

c：$SD = 1 - \sum\limits_{i=1}^{n} \left( \dfrac{n_i}{n} \right)^2$。$n_i$ 为种 $i$ 的个体数；$n$ 为种类数。

## 5.2.2　底泥资源化

河道底泥资源化技术主要有底泥土地利用固化后做填方材料和制造建筑材料等。河湖底泥可用于市政绿化、草地、湿地、农田以及受到严重扰动的土地修复等方面。底泥中含有大量有机质以及植物所需的营养成分，具有腐殖质胶体，能使土壤形成团粒结构，保持养分，可以成为有价值的生物资源，但采用底泥作肥料对底泥的污染程度以及植物的类型有较为严格的要求。疏浚底泥还可用于建设湿地，荷兰及美国华盛顿都曾利用疏浚底泥建造部分岛屿。疏浚底泥用于修复严重扰动的土地避开了食物链，对人类生活潜在威胁较小，既处置了疏浚底泥，又恢复了生态环境，是一种很好的利用途径。底泥固化处理是指向底泥中添加固化材料，淤泥中的水和黏土矿物与固化材料进行一系列的物理化学反应，从而改善淤泥的工程性质。目前固化材料中，水泥、石灰、石膏、粉煤灰等为主要组成材料。此外，还可以用底泥做建筑材料，制备陶粒、轻质砖瓦等。

1. 底泥资源化处理处置

1）底泥工程应用

底泥固化技术是将石灰、炉渣、水泥等固体材料加入泥浆中，搅拌 5%水泥、5%钙质、20%高炉渣及河道底泥，经过90天的养护，达到河道底泥的最高强度。使用水泥砂浆复合固态填料，稳定路基，能有效地预防路基渗漏、侵蚀等工程建设过程中发生的渗漏、侵蚀，并可利用光照技术发展再生岩土材料，解决土壤短缺的问题。利用铁基生物量等新的稳定剂稳定渗出底泥，在堤顶段设置致密底泥以达到整体防渗效果，在处理段重建植被以恢复河流生态景观。

2）制作陶粒

用河道底泥作主要原料，煤渣、矿渣、飞灰、铁粉、房泥等，采用重金属沉淀物，通过风干、研磨、造粒及高温燃烧，制得陶粒。应用响应面分析（response-surface analysis，RSA）法，对河床沉积物制瓷工艺进行优化。在酸性、碱性和氧化性环境下对陶瓷进行安全性试验。结果表明，重金属在陶瓷中能有效地固定陶瓷，避免了二次环境污染，是一种比较理想的资源利用方式。

3）制备水处理材料

从底泥提取陶粒可解决挖掘机漂移问题，改善桩基性能。陶粒吸收磷元素可滋养微生物，促进植物生长。本书以泥质陶瓷为研究对象，考察了其对废水中磷和氨的吸附性能，认为磷的吸附比金属的改性更为重要，而在水处理中，常用吸附性能较好的沸石作为泥质改性剂，以调节水量，提高水处理效率，但由于锆盐昂贵，且物质处理困难，实际应用很少。

4）水泥窑协同处置底泥制作水泥熟料

水泥窑协同处置具有有机物完全分解、重金属固化、二噁英不产生、无气囊、资源利用率高、减量化、无害化、资源化等优点。通过一系列物理、化学作用，高温烧结，污染物质在格架内固化，保证了水泥熟料的安全生产和使用。不同国家的自然环境、经济、科技水平以及处理方式都有所不同，应多向国外学习现有的经验，日本和德国处理处置技术比较成熟，日本水泥窑的生产模式在很大程度上以干燥燃烧为主，而德国则以脱硝作为综合处理能源，我国水泥窑协同处置具有一定规模。凭借国内第一条"城市底泥无害化处理线"的生产线，余热干燥，最后储存，再利用，北京金隅北水环保科技有限公司从2013年开始，已经为1600多家客户提供了底泥处理近60万t（林锋，2021）。

**2. 河道污染底泥处理处置与资源化利用工艺**

1）疏浚底泥有机质无害化处理技术

一种以复合酶、生物生长促进剂、微生物营养素等为主的高效生物氧化剂，具有较高的应用价值。利用生物均相氧化反应将其加入挖掘机河道底泥中，在通气、成礁的条件下，可快速降解河道底泥中易降解的有机物，消除黑臭，清除河道底泥中的沙粒，对有机物进行无害化处理，实现河床资源化。

2）疏浚底泥减量化技术

疏浚底泥减量化是指通过技术措施从河道底泥中分离出无害成分，或通过脱水措施分离出水分，减少河道底泥的数量。根据底泥的粒径分析，将底泥的还原分为筛分还原和脱水还原，并分别对其粒径进行了角砾、砂粒、泥粒、黏土等分析。将砂砾石和部分泥浆分离出来，未经脱水处理，河道底泥含水率可达30%，部分河道底泥不吸收重金属，有机质含量低，无须固化，可直接用于施工。经过分离处理后，河道底泥中的固体成分大大减少，部分底泥被还原，剩余河床中的有机物、重金属等污染物含量达到 90%以上。天然填埋场难以排水，需要进行机械冷冻脱水，才能达到减沙、无害化的目的。

3）疏浚底泥脱水减量化

疏浚底泥脱水减量化技术具有连续脱水能力强的特点，处理后的污泥饼含水率可降低至45%，这比传统的胶带压滤机处理后的污泥含水率要低得多。调理剂通常包括剥落剂，其用量相比于其他脱水技术所需的活性物质要少，这样可以减少对泥浆性质的影响，简化最终的水处理过程。脱水后的污泥可以直接用于烧结陶瓷、红砖，或者在 3～5 天内堆料，进一步将含水率降至 40%以下，用于建筑填筑。当离心泥中的重金属含量符合国家和地方关于景观用土的环保标准时，可以安全地用于景观地面的建设。离心脱水过程能够有效地去除污泥中的自由水和部分结合水，提高脱水效率。疏浚工程的高效性体现在挖掘量大且工期短，这使得疏浚底泥脱水减量化技术在排沙工程中尤为重要。脱水减量化后的底泥可以用于多种用途，如作为制砖、陶瓷的材料，或者作为建筑填筑和景观建设的土工材料。

## 5.3　河流连通性恢复

河流水系的连通性是生态系统中物质循环、能量流动和信息传递的重要机制。通过纵向、横向和垂向连通性，河流水系构建了一个复杂的网络，使生态系统内的各组成部分相互关联、相互作用。这种连通性不仅有助于维护生态平衡，还为生物提供了生存空间和繁殖条件。

河流水系纵向连通性是指生物、物质、能量在河流纵向上运移的通畅程度。从河流的源头到河口，水文过程为营养物质交换、运移、转化、积累和释放等提供条件，保证了物质流与能量流在河流纵向上的畅通性。纵向连通性的存在使得生态系统内的物质循环和能量流动得以顺利进行，从而维持了生态平衡。

河流水系横向连通性是指主河槽与滩地、河岸带之间的相互连通。它涵盖了河流植物演替、生物迁移、泥沙运移、地形地貌变化、溶质养分运移等多个方面。横向连通性的存在使得河流生态系统能够更好地适应环境变化，维持生态平衡。

河流水系垂向连通性是指河流地表水与地下水之间的水流、生物和溶质等的运移连通程度。由于水力梯度的作用，地表水和地下水之间产生相互交换，产生上升流和下降流。这种连通性对于维护河流水系生态系统的稳定性和生物多样性具有重要意义。

### 5.3.1　河道连通性机制

河流水系纵向连通性是指生物、物质、能量在河流纵向上运移的通畅程度（Kondolf et al.，2006）。从源头到河口，河流水文-水力学过程为营养物质交换、运移、转化、累积和释放等提供条件，保证物质流与能量流在河流纵向上的畅通性。河流纵向上水位、流速、水温等因子在塑造生物栖息地的同时，也为生物繁殖、生长和迁徙提供了生命信号。生物依据生命信号不断调整适应，形成河流水系多样而有序的生物群落。尤其是河口区洄游生物利用潮汐溯河产卵，完成其生命循环。然而，现实中由于过度建设水闸、堰、坝等，使得基流量明显减小，打破水沙、水热平衡，隔绝生物上下游迁徙路径，严重影响河流水系的生态完整性。

河流水系横向连通性是指主河槽与滩地、河岸带之间的相互连通。涨水时，水流漫溢滩区，为河岸带、滩地输送营养物质，促进河岸带、滩地植被生长，水生动物可进入滩区产卵或避难。退水时，归槽水流带走腐殖质，为植物种子传播提供条件，水生动物回归主流，完成其生活史过程（May，2006）。可见，河流水系横向连通性涵盖了河流植物演替、生物迁移、泥沙运移、地形地貌变化、溶质养分运移等多个方面（夏继红等，2010）。但是，筑堤、建坝、切槽等，造成河流横向连通性降低，减小了滩地淹没频率，减弱了水动力条件及调洪能力，降低了生态系统的生产力、养分交换和生物扩散能力等。

河流水系垂向连通性是指河流地表水与地下水之间的水流、生物和溶质等的运移连通程度（Xia et al.，2013；夏继红等，2013）。由于水力梯度的作用，河流地表水会流入、流出河岸或河床与地下水相互交换，产生上升流和下降流。下降流能为潜流生物群落提供溶解氧、养分、有机质，上升流能为地表水输送一些特殊的化学物质，可提高地表水栖息地多样性，影响河流中的生物种群。垂向连通性取决于地表水-地下水交换条件、生物地下栖息条件以及水体环境的差异性和交换强度等因素。

## 5.3.2　河道形态修复

河道纵向形态修复主要是拆除阻碍河流的拦水建筑物，使河流保持自然蜿蜒的河道形态。常采用的措施包括构建河道的蜿蜒形态、恢复河道的连续性、增加水体流动的多样性等。蜿蜒性是自然河流的重要特征，河流的蜿蜒性形成了丰富的河滨植被、河流植物，成为鸟类、两栖动物的栖息地。保持河流的蜿蜒性是保护河流形态多样性的重点。因此，在进行生态河道设计时，必须尊重河道的天然形态，避免直线和折线型。

河道横向断面修复是指采取人工设计与河流横截面特征相结合的方式，对河床横断面进行修复。常采用的方法有：复合型断面形态生态修复、横向断面河床深潭与浅滩生态修复、拆除河床先前的硬质材料、恢复河床自然泥沙状态等。复合型断面是比较理想的河道横断面形式，在正常水位和枯水条件时，河流由中心河槽向下游流去，两侧平台为水生植物与动物提供生存空间；洪水位时河流由全河槽向下游流去，两侧平台淹没，河道行洪断面增大，有效地排泄洪水。河道横向断面河床深潭与浅滩生态修复是维系河流生物多样性的重要措施。

河道垂向连通性的修复主要是通过采用生态型护坡或护岸等措施来实现。这些措施可以保持地表水和地下水的交换条件，为生物提供地下栖息条件以及维持水体环境的差异性和交换强度等，从而恢复河道的垂向连通性。此外，对于采用不透水材料衬砌的河道，应该考虑更换透水材料或设置透水结构等措施，以恢复地表水与地下水的通道。

### 1. 连通性评估

对于恢复中小型河流-滩区系统连通性，其主要进行的评估见表5-2。

**表 5-2　恢复中小型河流-滩区系统连通性评估**

| 要素 | 单元科目 | 编号 | 评估项目 | 特征 | | |
|---|---|---|---|---|---|---|
| | | | | 历史自然状态 | 开发改造后果 | 生态修复措施 |
| 地貌形态 | 河道 | 1 | 河流平面形态 | 蜿蜒、辫状、网状 | 裁弯取直 | 恢复蜿蜒性 |
| | | 2 | 横向连通性 | 洪水侧向漫溢 | 缩窄堤防间距、倾倒渣土 | 扩大堤距清理河道 |
| | | 3 | 纵向连通性 | 纵向水力连续 | 闸、坝、堰数量、密度 | 控制闸坝数量 |
| | | 4 | 垂向渗透性 | 河床底质砂砾石、粗细砂等 | 混凝土、浆砌石 | 生态型护坡 |
| | | 5 | 河势稳定性 | 河势自然摆动 | 治河工程，稳定河势 | 控导工程 |
| | | 6 | 岸坡防护 | 天然材料 | 混凝土、浆砌石 | 生态型护坡结构 |
| | 滩区 | 7 | 宽度、面积维持 | 自然状态滩区 | 农田、道路、房产开发、旅游休闲设施侵占滩区 | 清除建筑设施和农田，恢复自然宽度 |
| | | 8 | 景观多样性 | 洲滩、湿地、沼泽、水塘 | 渠道化、人工园林化景观 | 恢复自然景观 |
| | | 9 | 自然保护区 | 重要自然保护区和湿地 | 重要自然保护区和湿地达标率 | 落实保护区规划 |
| | | 10 | 采砂生产 | 自然河势、深潭-浅滩序列 | 影响河势和栖息地质量 | 严格控制、取缔采砂生产 |
| 水文 | 径流 | 11 | 年内径流状况 | 自然径流过程 | 因过度取水和径流调节引起断流和间歇式径流 | 尽量维持自然水流过程 |
| | 生态需水 | 12 | 生态基流/敏感区生态需水 | 自然水流过程 | 生态基流和敏感期生态需水满足程度 | 保证生态基流 |
| | 洪水脉冲 | 13 | 洪水脉冲过程及功能 | 洪水淹没滩区水文过程及生物过程 | 因引水和径流调节，水文过程变幅降低 | 通过调控维持一定程度的脉冲过程 |
| 水环境 | 水功能区 | 14 | 水功能区达标率 | 历史状况 | 修复前状况 | 达标排放污染总量控制 |
| | 面源污染 | 15 | 水产养殖业管理 | 历史状况 | 修复前状况 | 退渔还湖、养殖业管理 |
| | 农村环境 | 16 | 农村污水厕所垃圾管理达标率 | 历史状况 | 农村污水、厕所、垃圾管理缺位 | 改厕、垃圾处理设施 |
| 生物 | 滩区植被 | 17 | 生物群落多样性维持 | 生物群落多样性维持 | 滩区植被退化 | 以当地物种为主的自然恢复 |
| | 生物群落 | 18 | 物种多样性维持 | 物种数量、栖息地减少 | 物种数量、栖息地减少 | 落实保护规划 |

### 2. 河流连通性综合评价

根据河流四维连续体的概念模型，河流水系连通性是维持水文-生物-生态功能连续的基础。河流在纵向、横向、垂向和时间维度的连续性，确保了生态系统在 4 个方面的连续性：水文-水力学过程的空间连续性；生物群落结构的空间连续性；物质流、能量流和信息流的空间连续性；水文、生物和河流生态系统演替的动态连续性。因此，河流连通性评价的内容应综合反映水工建筑物的阻隔作用对河流水系和生境破碎化的影响、对径流调节的影响、对水资源利用的影响、对基础设施建设和城市化的影响等；评价指标应综合反映河流生态系统的纵向、横向、垂向和时间维度特征。通过文献分析，总结出 5 个主要影响因子及其对应的评价指标：①河流破碎化，破碎度指数（degree of fragmentation，DOF）；②流量变化，库容调节指数（degree of regulation，DOR）；③水资源消耗，水资源利用消耗率（consumptive water use，USE）；④道路建设，路网密度（road density，RDD）；⑤城市化，城市夜间灯光指数（nightlight intensity in urban areas，ULI）。在流域或区域等宏观尺度上，可以利用遥感数据和景观法进行河流连通性的定量评价。具体的指标可见表 5-3。通过这些综合性的评价方法和指标，可以更准确地了解河流水系连通性的现状及其面临的挑战，从而为河流生态保护和修复提供科学依据。

表 5-3 河流连通性评价指标

| 指标 | 维度 |
| --- | --- |
| 破碎度指数 | 纵向 |
| 库容调节指数 | 纵向、横向、垂向、时间 |
| 水资源利用消耗率 | 纵向、横向、垂向、时间 |
| 路网密度 | 横向 |
| 城市夜间灯光指数 | 横向 |

由于不同因子从不同维度影响连通性，对河流连通性的整体影响程度也存在差异，因此本书基于 5 个评价指标构建了连通性指数（connectivity status index，CSI），用于综合评价河流连通性的整体状况，综合评价框架见图 5-1。首先，将河流干支流划分为不同

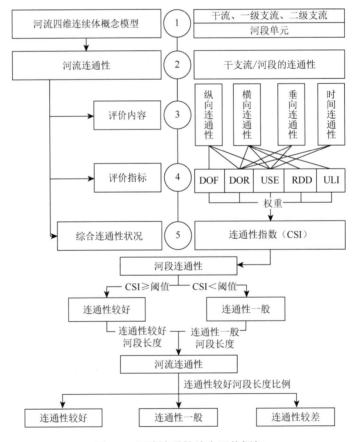

图 5-1 河流连通性综合评价框架

河段单元，计算不同河段单元的连通性指数。计算不同河段单元的连通性指数时，对各个指标进行归一化处理并设置不同权重，反映不同指标对连通性指数的综合影响，权重需要通过开展敏感性分析并结合专家意见和河流实际情况进行确定。通过各个指标的加权计算，得到不同河段单元的连通性指数，范围为 0%～100%。然后，根据河流实际情况，确定不同河段单元的连通性阈值，即评价河段单元的连通性指数不低于连通性阈值，表示该河段单元的连通性较好；若连通性指数未达到连通性阈值，则其连通性一般。最后，根据河流实际情况，确定不同河流连通性指数的阈值。通过不同河段单元连通性指数的评价结果，以不同级别河流的干流为对象，根据连通性较好河段的长度比例计算确定河流连通性整体状况，并将河流连通性状况进行等级划分。

# 第6章  技术应用与示范

## 6.1  盘溪河示范工程

### 6.1.1  盘溪河概况

盘溪河为嘉陵江水系左岸一级支流,流域约呈椭圆形。盘溪河全流域集雨面积为 29.86 km²,主河道长 20.7 km,平均比降为 14.79‰。河流发源于两江新区人和街道江家湾,河流自北向南流经两江新区人和街道、天宫殿街道和龙山街道,进入江北区石马河街道后,在江北区盘溪造纸厂汇入嘉陵江。主要范围为"一干两支七库",即两江新区内盘溪河干流、后溪沟支流、刘家沟支流及胡家沟、六一、吴家湾、茶坪、人和、柏林、战斗 7 个水库。

其中,两江新区(原北部新区片区)内盘溪河流域面积 16.05 km²,河道长 9.39 km,河道平均比降 9.83‰,盘溪河干流流经八一水库、茶坪水库、青年水库、六一水库和五一水库。八一水库为小(2)型水库,控制流域面积 0.83 km²,总库容 12.5 万 m³;茶坪水库为小(2)型水库,控制流域面积 0.31 km²,总库容 12.0 万 m³;青年水库(吴家湾水库)为小(2)型水库,控制流域面积 0.71 km²,总库容 41.85 万 m³;六一水库为小(2)型水库,控制流域面积 2.95 km²,总库容 31.9 万 m³。

盘溪河在两江新区管委会附近有两条支流汇入,分别为后溪沟和刘家沟。后溪沟由西向东汇入盘溪河干流,刘家沟由北向南汇入盘溪河干流。后溪沟发源于照母山,流经战斗水库、水晶郦城,最后在星光大厦附近汇入盘溪河干流。后溪沟支流集雨面积为 3.41 km²,主河道长 3.39 km,平均比降为 9.82‰。战斗水库为小(2)型水库,控制流域面积 1.18 km²,总库容 27 万 m³。刘家沟发源于人和街道大坡岭,流经汪家院子汇入人和水库,向下流经斑竹林,在白杨湾汇入柏林水库,再流经周家湾、杨家花园(现建为动步公园),于两江新区管委会附近汇入盘溪河。刘家沟支流集雨面积为 3.07 km²,主河道长 4.25 km,平均比降为 15.56‰。人和水库为小(2)型水库,控制流域面积 0.64 km²,总库容 32.3 万 m³;柏林水库为小(2)型水库,控制流域面积 1.98 km²,总库容 23 万 m³。

盘溪河流域建成区比例高,建成时间久,大量污染物排入河道中,盘溪河自净能力远远不足,故造成河道水体水质恶化严重。作为嘉陵江一级支流,水质好坏直接影响三峡库区的总体水环境,提升盘溪河河道及水库的水质已经迫在眉睫。

### 6.1.2  治理前区域环境状况

1. 水库水质情况

(1)盘溪河流域内水库水质主要超标指标为 TP。

（2）胡家沟水库上游进水区 TP 指标略微偏高，湖心区有所上升，且库尾 TP 超标。说明胡家沟水库湖心区水体净化能力较差，该区域水体动力不足，上游湿地及库湾腐烂水生植物等在此释放氮磷等污染物质。

（3）吴家湾水库上游（靠近棕榈泉国际花园社区）TP、TN 指标超标，说明该社区冲洗路面等污水排入对吴家湾水库水质有一定影响。

（4）茶坪水库各指标均在地表水Ⅳ类水限值以内，表明茶坪水库水体水质较好。这与茶坪水库周围植被覆盖度好，面源污染较少有关。

（5）六一水库 TP、TN 指标均超标，整体水质情况为劣Ⅴ类。鹭湖水质较差，在鹭湖靠近玲珑桥处，水质情况最差，富营养化评价表明鹭湖水体已处于富营养状态。现场调研发现鹭湖区域有两个排污口，且天湖美镇园区生化池也位于鹭湖段，暴雨期间鹭湖时常有大量生活污水和垃圾进入。

（6）人和水库 3 个点位监测数值均未超标，整体水质为地表水Ⅳ类。由于人和水库周边面源污染少，无排污口，且三面环山的地形有效缓冲了污染负荷，因此总体水质较好。

（7）柏林水库仅入水口和湖心区域 TP 超标。且入水口处 TP 指标最高，为 0.46 mg/L，湖心区经过净化已降至 0.11 mg/L，出水口区域水质已达地表水Ⅳ类，说明柏林水库主要污染源为进水口区的雨污合流管渠，而柏林水库本身具有削减这部分污染负荷的净化能力。

（8）战斗水库进水口附近 TP 指标超标，表明进水水质较差，出水口 TP、TN 指标均超标，表明战斗水库自身净化能力较弱，不能满足水质要求。

各水库的富营养化状态评价情况见表 6-1。

**表 6-1　水库富营养化状态评价表**

| 序号 | 名称 | Chla/(μg/L) | SD/m | $COD_{Mn}$/(mg/L) | TP/(mg/L) | TN/(mg/L) | TLI（Σ） | 富营养化状态 |
|---|---|---|---|---|---|---|---|---|
| 1 | | 32 | 50 | 6.47 | 0.14 | 0.81 | 42.29 | 中营养 |
| 2 | 胡家沟水库 | 6 | 70 | 4.09 | 0.28 | 2.58 | 39.66 | 中营养 |
| 3 | | 50 | 70 | 3.25 | 0.07 | 0.66 | 36.29 | 中营养 |
| 4 | | 83 | 30 | 9.53 | 0.07 | 2.09 | 49.50 | 中营养 |
| 5 | 吴家湾水库 | 72 | 45 | 9.73 | 0.06 | 2.01 | 47.16 | 中营养 |
| 6 | | 115 | 30 | 12.2 | 0.12 | 2.09 | 53.29 | 富营养 |
| 7 | 茶坪水库 | 25 | 70 | 3.01 | 0.06 | 0.91 | 34.42 | 中营养 |
| 8 | | 11 | 73 | 3.57 | 0.04 | 0.87 | 31.36 | 中营养 |
| 9 | | 45 | 40 | 7.43 | 0.45 | 1.7 | 50.55 | 富营养 |
| 10 | 六一水库 | 236 | 35 | 9.06 | 0.8 | 3.19 | 60.45 | 富营养 |
| 11 | | 43 | 50 | 5.32 | 0.47 | 2.05 | 48.70 | 中营养 |
| 12 | | 15 | 120 | 4.36 | 0.05 | 0.78 | 31.81 | 中营养 |
| 13 | 人和水库 | 21 | 122 | 5.6 | 0.05 | 0.78 | 33.95 | 中营养 |
| 14 | | 18 | 115 | 4.56 | 0.09 | 0.86 | 34.80 | 中营养 |

| 序号 | 名称 | Chla/(μg/L) | SD/m | COD$_{Mn}$/(mg/L) | TP/(mg/L) | TN/(mg/L) | TLI（Σ） | 富营养化状态 |
|---|---|---|---|---|---|---|---|---|
| 15 | | 36 | 55 | 3.05 | 0.46 | 1.35 | 43.81 | 中营养 |
| 16 | 柏林水库 | 33 | 80 | 2.85 | 0.11 | 1.37 | 37.58 | 中营养 |
| 17 | | 31 | 75 | 2.92 | 0.06 | 1.13 | 35.31 | 中营养 |
| 18 | 战斗水库 | 62 | 70 | 3.25 | 0.13 | 1.26 | 40.77 | 中营养 |
| 19 | | 71 | 82 | 4.4 | 0.14 | 1.51 | 42.85 | 中营养 |
| | $W_j$ | 0.266 | 0.183 | 0.183 | 0.188 | 0.179 | — | — |

注：Chla 为叶绿素 a；SD 为透明度；TLI 为综合营养状态指数；$W_j$ 为第 $j$ 种参数的营养状态指数的相关权重。

## 2. 河道水质状况

盘溪河主河道及两条支流中的大部分河段均存在不同程度的污染，且部分段污染程度较为严重。三条河道由于沿程基本由渠道和箱涵组成，河道基流量小，环境容量小，污染物难以进行沿程削减，各河道断面的监测数据见表 6-2。

### 表 6-2　河道断面监测数据一览表

| 序号 | 类别 | 点位 | COD/(mg/L) | NH$_3$-N/(mg/L) | TP/(mg/L) | SS/(mg/L) | 流量/(m³/d) |
|---|---|---|---|---|---|---|---|
| 1 | | 胡家沟进口断面 | 11 | 0.95 | 0.44 | 13 | 600 |
| 2 | | 六一进口断面 | 31 | 5.93 | 0.62 | 20 | 8000 |
| 3 | | 人和丽景进口断面 | 45 | 1.25 | 2.19 | 30 | 200 |
| 4 | | 人和丽景断面 | 16 | 0.51 | 0.46 | 11 | 210 |
| 5 | 盘溪河主河道断面 | 黄山大道断面 | 27 | 2.29 | 0.52 | 5 | 1800 |
| 6 | | 中华坊断面（沪渝高速下） | 15 | 0.28 | 0.44 | 20 | 3400 |
| 7 | | 荣鼎末端断面 | 13 | 0.60 | 0.39 | 23 | 4000 |
| 8 | | 九龙湖出水断面 | 4 | 1.58 | 0.23 | | 8000 |
| 9 | | 汇入动步公园断面 | 21 | 0.48 | 0.54 | 19 | 6200 |
| 10 | | 华邦制药段断面 | 17 | 0.95 | 0.17 | 13 | 80 |
| 11 | | 柏林进水断面 | 34 | 6.64 | 0.48 | 89 | 3000 |
| 12 | 刘家沟支流断面 | 月亮湾入口断面 | 20 | 0.58 | 0.16 | 10 | 300 |
| 13 | | 月亮湾出口断面 | 22 | 0.30 | 0.18 | 6 | 2300 |
| 14 | | 动步入口断面 | 19 | 0.32 | 0.31 | 10 | 2800 |
| 15 | 后溪沟支流断面 | 星光社区断面 | 8 | 0.40 | 0.30 | 9 | 6000 |
| 16 | | 动步断面 | 24 | 3.09 | 1.20 | 89 | 9000 |
| | Ⅳ类水质标准 | | 30 | 1.5 | 0.3 | | |

### 3. 水生动植物现状

盘溪河流域共发现浮游植物 35 种，各样点种类分布在 18～26 种（图 6-1）；各水库优势种有所差别，主要优势种有：鞘丝藻、泽丝藻、颗粒沟链藻最窄变种、意大利直链藻等；其密度在 $0.85 \times 10^7 \sim 7.7 \times 10^7$ ind/L。

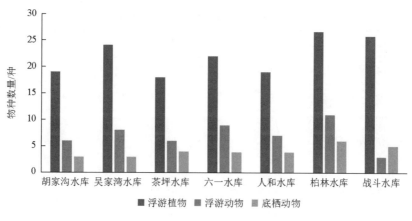

图 6-1 各水库水生生物种类分布

浮游动物有 12 种，分别是萼花臂尾轮虫、王氏似铃壳虫、前节晶囊轮虫、鼠异尾轮虫、长足轮虫、蒲达臂尾轮虫、大型中镖水蚤、短尾秀体溞、透明温剑水蚤、裂足臂尾轮虫、长额象鼻溞（图 6-2）。大型底栖动物有 7 种，分别是劳氏长跗摇蚊、萝卜螺、中国圆田螺、前囊管水蚓、花翅前突摇蚊、霍甫水丝蚓、医蛭属一种。

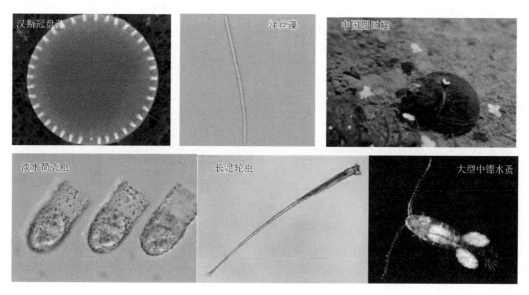

图 6-2 常见几种水生生物

4. 滨水植物现状

盘溪河流域植物多分布于水库沿岸，且多以人工栽培种为主；植被按其优势种的不同，可划分为 14 个群落类型（表 6-3），其中人工栽培群落 12 个，自然植被两个；多分布于滨水岸带，深水带未发现高等植物。

表 6-3　盘溪河流域滨水植物带植被现状

| 序号 | 群落名称 | 分布 | 高度/m | 盖度/% | 栽培种与否 |
|---|---|---|---|---|---|
| 1 | 再力花群落 | 库尾湿地 | 1~3 | 90 | 是 |
| 2 | 旱伞草群落 | 库岸 | 1~2 | 90 | 是 |
| 3 | 美人蕉群落 | 库岸 | 0.5~1 | 80 | 是 |
| 4 | 鸢尾群落 | 库岸 | 0.5~2 | 80 | 是 |
| 5 | 菖蒲群落 | 库岸 | 0.5~1 | 60 | 是 |
| 6 | 荷花群落 | 库尾或湾区水域 | 0.5~1 | 80 | 是 |
| 7 | 睡莲群落 | 水库湾区 | — | 30 | 是 |
| 8 | 慈竹群落 | 六一水库沿岸 | 5~8 | 75 | 是 |
| 9 | 迎春花群落 | 库岸 | 1~3 | 65 | 是 |
| 10 | 雾水葛群落 | 库岸 | 0.1~0.5 | 30 | 是 |
| 11 | 蝴蝶花群落 | 库岸 | 0.3~1 | 35 | 是 |
| 12 | 地毯草群落 | 人工草坪 | 0.05 | 75 | 是 |
| 13 | 金鱼藻群落 | 六一水库沿岸 | 0.2~0.5 | 60 | 否 |
| 14 | 狗牙根-牛鞭草群落 | 明河段人工护岸处 | 0.1~1 | 80 | 否 |

## 6.1.3　流域问题识别

1. 水环境问题

（1）旱季仍有混接污水通过雨水口直排入河。河道劣Ⅴ类河段 7.2 km，占比 68%；水库劣Ⅴ类两座，库容 37.2 万 m³，占比 30%。

（2）雨季溢流污染和径流污染未有效控制，对水库水质影响较大。经折算，雨季溢流和径流大约会造成 0.5 万 m³/d 的污水排入湖库，污水中含有的大量污染物导致湖库水体受到污染。

（3）管道错接混接情况普遍，其是导致流域点源污染的主要原因；其中小区阳台废水、洗车场废水、饮食街餐饮废水等为不可小视的污染源。

2. 水生态问题

（1）河湖生物链短且单一，缺鱼类等高等生物。由于河道水量小，缺乏可供鱼类产卵的水域区，加上河床河岸硬化，生物栖息地丧失，导致物种多样性低；而湖库水岸交错带消失，生境条件单一，导致植物群落单一，生物链单一。鉴于以上原因，生物链短且单一，缺少鱼类等高等生物，生物丰度低。

（2）7 个水库都处于富营养化状态。茶坪水库和人和水库处于轻度富营养化状态；吴家湾水库、胡家沟水库、柏林水库、战斗水库处于中度富营养化状态；六一水库处于中-重度富营养化状态。

（3）暗涵占比过大：暗涵化程度高。河道范围包括盘溪河干流、刘家沟、后溪沟，河道总长为 10.51 km，暗涵 7.23 km，河道暗涵占 68.79%，造成河道上下游不连续。

（4）明渠下切太深：盘溪河流域内河道两侧空间较窄，河道深切。

（5）汛期冲刷较大：盘溪河流域内河道纵坡较陡，水流速度快，是典型的山区型河道，汛期对河床底冲刷较大。

（6）景观参与性较弱：参与需求强，联系性差，场地可达性差；生态破碎，生态系统不连续，公共景观差。

3. 水资源问题

（1）水库功能单一、调蓄能力有限，水资源尚未得到充分利用。

（2）河道驳岸硬化、纵坡大，缺少梯级滞蓄，滞蓄能力弱，导致有水留不住，存在断流、河床干枯问题。

（3）上游河道基流与暗涵污水混合，导致清洁水资源被污染，不仅无法有效利用，还被截流至污水干管，影响污水收集及处理系统的运行。

4. 水安全问题

（1）水库调蓄能力有限，水库集雨面积内径流总量 307 万 m$^3$，现状水库调蓄能力有限，除人和水库外均采用固定溢流堰，防洪库容 31.8 万 m$^3$，水资源尚未得到充分利用。

（2）河道硬化纵坡大，缺少梯级滞蓄，河流纵坡 3.6‰～15.6‰，平均比降 9.83‰，缺少梯级滞蓄，自净能力低。

（3）除人和水库外，其余 6 座水库均无泄水建筑物控制设施，水库调蓄功能未被充分利用。

## 6.1.4　工程设计思路

具体思路是采用河湖外截断污染源、河湖内恢复水生态、河湖管理长效化的整治思路。河湖外截断污染源以开展初期雨水收集、箱涵入河湖合流雨污水处理为主；河湖内恢复水生态以因地制宜实施河内水体生态功能修复措施为主；河湖管理长效化以落实河湖管理机构、人员、制度、经费为重，建立河湖管理长效机制。

以收集资料、现场踏勘、污染源调查和现场监测为基础，全面描述水环境质量现状、流域污染源分布、水污染物排放与治理现状。以翔实的水质资料为基础，提出污染物削减目标，制定水污染负荷削减方案。以完成污染物削减任务为主线，制定水环境综合整治的具体工程和生态修复措施。以实现"水清、岸绿"目标，建立长效管理机制，改善河湖水体水环境及生态环境质量，提高人民群众生活环境质量。盘溪河示范工程技术路线如图 6-3 所示。

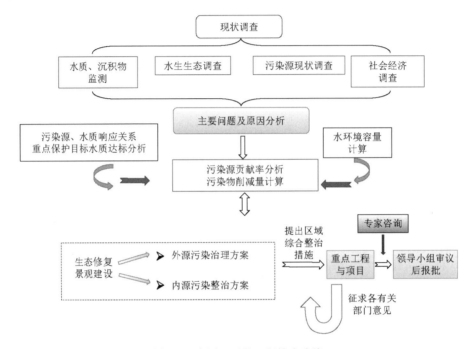

图 6-3　盘溪河示范工程技术路线

## 6.1.5　示范工程建设

基于技术研究与装备开发，项目组在重庆市主城区盘溪河流域确定示范点位并开展技术示范（表 6-4），形成适合重庆典型次级河流湖库水质改善及生态恢复的技术体系。

表 6-4　示范点位基本情况一览表

| 序号 | 名称 | 流域面积/km² | 关键技术示范 | 示范点位 | 工程量 |
|---|---|---|---|---|---|
| 1 | | | 水生态系统构建技术应用 | 吴家湾水库 | 种植面积 62000 m² |
| 2 | 盘溪河 | 29.86 | 过境短河段污染物定向去除和强化处理技术 | 后溪 | 生物转笼强化处理装备、光催化材料-生物转笼耦合的强化处理装置各一台 |
| 3 | | | 天然河湖岸生态带和水生植物系统 | 战斗水库 | 覆盖面积 77000 m² |

### 6.1.6 关键技术集成

#### 1. 水生态系统构建技术

水生态系统构建技术于盘溪河流域吴家湾水库开展应用。吴家湾水库地处盘溪河流域上游，水库水面面积 6.75 万 $m^2$，库容 17.7 万 $m^3$，平均水深 2.5 m。水库流域集水范围达 0.56 $km^2$，主要为棕榈泉国际花园社区地块汇水区域。

通过构建水下森林，辅以微生物改良技术，投放水生动物形成"水下森林-水生动物-微生物"组成的水生态系统。具体措施如下：通过多样化且丰富的沉水植被形成"水下森林"，提高水体的初级生产力，占据富营养化藻类原本所处的"生态位"，抑制藻类暴发的同时提高污染物吸收能力，辅以水库基底微生物改良，投放底栖动物（螺、贝）、浮游生物和鱼类，构建完整的水下生态系统，并通过水下鱼礁、生境桩的建设，吸引鸟类、爬行类动物在此定居，进一步完善食物链，形成优美的生态景观。

主要工程量：沉水植物覆盖 6.2 万 $m^2$，共约 250 万丛，约 2300 万株；各类微生物菌剂 3800 kg；螺类和贝类 1800 kg；各种鱼类 2300 尾；虾类 400 kg；各种挺水植物面积 3000 $m^2$，共约 4.5 万株；生境桩 3 座，水下鱼巢 5 座。现场种植沉水植物及藻类 10 种，分别是矮化苦草、刺苦草、小茨藻、伊乐藻、水蕴草、菹草、黑藻、竹叶眼子菜、篦齿眼子菜、穗状狐尾藻。

治理前水库水质为劣 Ⅴ 类水体，主要超标项目为 COD、TN、TP，通过控源截污和水生态构建等工程措施，现已稳定达到Ⅳ类水体标准，主要指标（COD、氨氮、总磷、溶解氧）已经达到Ⅲ类水体标准，透明度稳定达到 2 m，呈现出"水清岸绿、鱼鸟共翔"的怡人生态景观。

#### 2. 生物转笼强化处理技术

生物转笼强化处理技术在后溪的六一水库开展示范，六一水库为小（2）型水库，控制流域面积 4.23 $km^2$，总库容 17 万 $m^3$。

生物转笼强化处理装置设置在水库主要补水涵洞处，共设置两台转笼处理设备，以地表径流为处理对象，总设计处理规模为 15 t/d。其中，生物转笼一体化装置设计参数为 4 m×2 m×2 m，有效容积 4 $m^3$，处理量 10 $m^3$/d；水动力生物转笼强化处理设备设计参数为直径 1.9 m，厚度 40 cm、总高度 2.2 m，填料填充率 50%，设计处理能力 5 $m^3$/d。

#### 3. 天然河湖岸生态带和水生植物系统构建

盘溪河为嘉陵江一级支流，地处重庆市中心城区。2000～2018 年，一系列治理措施使盘溪河基本消除"黑臭"，但在河道生态修复方面仍未见改善。研究流域的整治范围横跨北碚、渝北、江北 3 个重要城区，整治范围内河道长 10.51 km，其中暗涵段长 7.23 km，暗涵率 68.79%；河道断面多为梯形，直立型护岸结构，渠化情况严重；河谷深切，水少且浅。同时流域范围内湖库众多，有 7 座水库（胡家沟、六一、茶坪、青年、百林、人和、战斗），总库容 1240 $km^3$（图 6-4）。

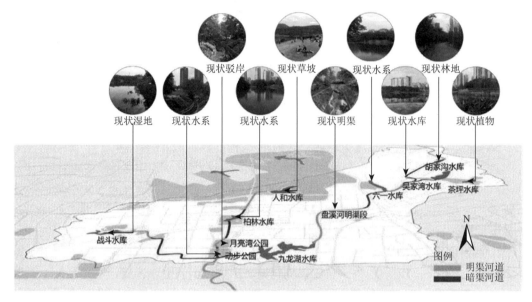

图 6-4　盘溪河流域水库现状

　　盘溪河串联了众多湖库及湿地公园等绿地节点，通过结合周边绿地形成了多处湖库和湿地公园，改善了城市景观，但河流干流存在较为严重的问题，其主要表现为以下几个方面：一是沿线绿地多以斑块形式存在，导致连通性较低，同时基建设施截断水系，使得水系多为暗涵连接，廊道景观断裂较为严重，生境的连通性较低；二是上游河道基流与暗涵污水混合，大部分水库及干流水质常年处于劣 V 类，自净能力和承载能力较差；三是河床驳岸硬化，生物栖息地丧失，导致河道水量小，缺乏可供鱼类产卵区域，生物多样性低；四是岸线亲水性差，空间封闭；五是重庆地形特殊，滨水岸可达性差，河湖岸带绿地与水体存在较大的高度差，驳岸陡峭，生态景观较差。

　　作者对梁滩河流域的大河沟水库岸边生态带的非水生植物和水生植物进行了详细调查分析，研究了水库岸边生态带对初期雨水的过滤净化能力，以盘溪河流域战斗水库为示范点，开展天然河湖岸生态带和水生植物系统研究工作，为盘溪河流域构建具有良好生态功效的近岸生态带起到指导作用。

　　天然河湖岸生态带和水生植物系统在盘溪河流域战斗水库开展应用后，得到目前具有生物物理层级的岸边带，实际状况如图 6-5 所示。对战斗水库中的生物物理层级实况进行调查，发现生态带对污染径流拦截及净化和美化生态景观具有一定的作用。

图 6-5　战斗水库生物物理层级现场照片

## 6.1.7　流域治理成效

1. 示范工程建设情况

针对盘溪河水体修复方面的重大需求，运用自主研发的水生态系统构建技术、生物转笼强化处理技术，构建天然河湖岸生态带和水生植物修复技术体系，在盘溪河流域开展示范工程建设并验证其修复效果（图 6-6）。

图 6-6　盘溪河流域示范工程实景图

2. 运行效果

自示范工程建设以来，重庆两江新区市政园林水利管护中心委托重庆新凯欣环境检测有限公司开展了两江新区河道和水库水质监测。2021 年 1～11 月不同水质指标变化曲线如图 6-7 所示。

根据监测结果，盘溪河流域水质波动较大，流域氨氮和总磷指标超标较为显著，溶解氧、COD、高锰酸盐指数、五日生化需氧量（$BOD_5$）等指标较好。工程实施后，2021 年10 月和 11 月示范段均满足Ⅳ类水质要求，达到区域相关水质要求。

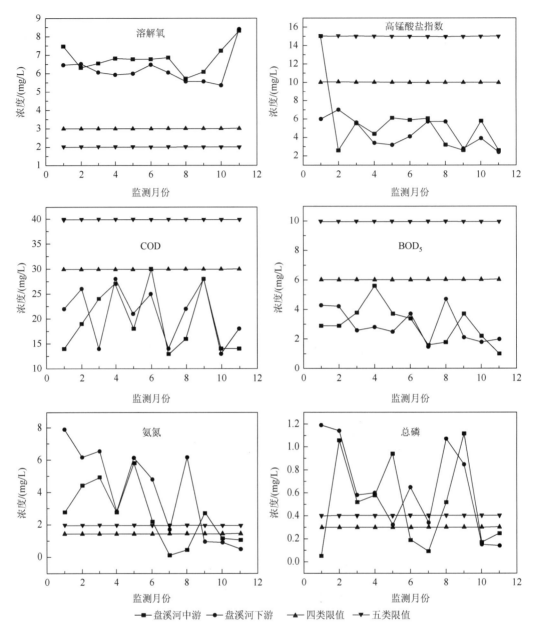

图 6-7　2021 年 1～11 月不同水质指标变化曲线

# 6.2　长生河示范工程

## 6.2.1　长生河概况

　　长生河，原名苦溪河（于 2017 年 5 月正式更名为"长生河"），发源于巴南区鹿角场，从南岸茶园新区西南向东北进入本区，河道蜿蜒曲折，经雷家桥水库后，在踏水桥附近向东经胜利桥、石门滩，在双河口与支流跳蹬河汇合，由南转向北，经大石盘、老

桥、长生桥，在倒狮嘴下游附近与支流拦马河汇合，经骑龙骑、小吊嘴、清水湾，在南
岸区峡口镇梧桐元村附近流入长江。

长生河流域由长生河干流、梨子园河支流、跳蹬河支流以及众多小支流组成。流域
全长 29 km，其中干流 18.5 km，支流梨子园河 7.5 km，跳蹬河 3 km。整个河道除石门滩
河段纵坡较陡外，大部分河段较平缓。上游雷家桥至胜利桥河段两岸地形平缓，属山丘
微丘地段，胜利桥至双河口段两岸地势较陡，下游长生桥段属于山岭重丘地段。河道两
岸除已平场河段外，大部分是农田，植被覆盖率较高，乔木和灌木生长茂盛。

长生河流域水系见图 6-8。

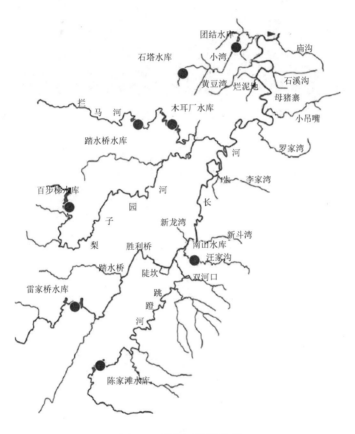

图 6-8　长生河流域水系

项目示范工程协同长生河流域环境综合整治工程共同开展。整治流域总长为 29 km，
工程治理流域面积约 331 hm²。南岸区包括 3 条一级支流（长生河、兰草溪、鱼溪河）、
16 条二级支流、41 条三级支流，以及迎龙湖水库、百步梯水库、雷家桥水库等 18 座水
库。其特点可概括为"分段发展，产城一体；双轴之一，蜿蜒灵动"，形成了"三山一
江三河"与茶园带形特色用地紧密契合的空间关系（图 6-9）。

2018 年示范工程开始之初，通过对长生河流域进行现场取样，水质如图 6-10 所示。从
自测水质数据来看，跳蹬河整体水质略优于其他两条河；流域内大部分河段的水质为Ⅳ～

Ⅴ类，局部区域由于排污、大坝等，水质有所恶化。总地来说，在示范工程开始之初，长生河面临着点源污染持续输入、面源污染控制不足、河道水生生态系统脆弱的问题。

图 6-9　长生河空间关系图

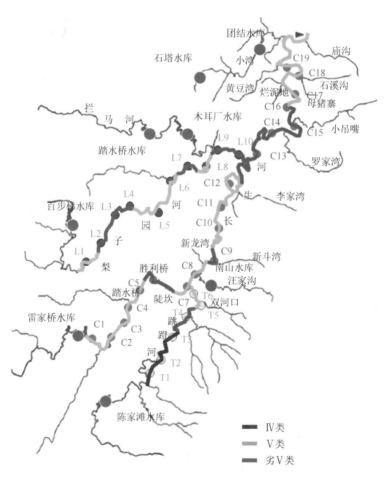

图 6-10　长生河流域水质分析平面示意图

## 6.2.2 治理前区域环境状况

### 1. 水环境状况

长生河及其支流污染成因复杂，污染物来源包括点源、面源以及内源，污染类型多样，其中，面源污染占污染负荷总量的比例非常高，污染源控制难度较大。从污染源管控角度来看，虽然在逐步推动截污纳管和污水收集处理等工程，但流域内面源污染，由于市政基础设施不健全导致分散污水直排，污染截留处理率和处理程度及长期积累的底泥等内源污染物管控普遍难以满足长生河及其支流水环境保护的要求。而且水体环境受季节性排污影响，波动较为明显。

### 2. 水生态状况

通过现场踏勘，长生河流域现状水生态存在的主要问题如下：

（1）水生态生境较差，主要体现在：①侵占河道现象严重，水生态空间大幅降低；②枯水期河道蓄水量不足，生态系统构建所需用水无法满足；③部分河段水体污染严重，水体溶解氧和透明度降低，不利于水生态系统构建；④部分河段河岸硬质化严重或裸露，不利于生物生存。

（2）水生物种单一，水生态多样性大幅降低。部分河段水体的严重富营养化，导致藻类等过度繁殖，其大面积覆盖水面大大降低了水体光照和溶氧水平。此外，某些藻类，如微囊藻还会释放藻毒素，这些都对水生态系统中其他类型的动植物产生不利影响，导致其他生物无法生存。

（3）植物，尤其是无净化能力强的沉水植物存在，水体生存能力弱，水生植物群落不完善，物种丰富度和多样性低，水体自净能力缺失，水生态系统功能不完善。

（4）动物水生态系统结构与功能不完善。现状长生河流域存在少量的水生动物，食物链短、食物网结构单一，生态系统结构与功能不完善，水体自净能力不足。

### 3. 滨水景观状况

（1）驳岸单一，空间隔离。建筑用地侵占河道，影响河道安全性及景观性；土地裸露，造成水土流失；植被破坏严重，竖向变化较大，难以满足亲水性；场地功能形式单一，无法满足居民休闲、运动的需要。水质的下降、水量的减少，使长生河流域水生态环境平衡遭到破坏，未能为茶园新区提供优美的生活环境。

（2）文化缺失，缺乏亮点。长生河流域承载着茶园新区形象展示、休闲游憩、生态示范的重要作用，是地区经济发展的重要基础，而长生河本身的景观打造呈剥离状、斑块状，缺乏特色，各自为营，未能很好地展现茶园新区的城市形象。长生河流域及其周边只有更加美丽、宜居，才能吸引更多人口居住，带动房地产及相关行业发展，对地区经济发展起到重要的促进作用。

## 6.2.3 流域问题识别

通过现场调研及相关资料分析发现，长生河流域具有一定的防洪排涝能力，但存在一定程度的河道侵占和水土流失现象，部分河段缺乏防洪护岸措施，抗冲刷能力低，流域水资源时空分布不均，水库有效蓄水库容少，非工程措施缺乏，河道管理难度较大，水资源有效利用率较低，非常规水源利用不足。

通过水质取样检测分析，目前长生河流域主要超标指标为COD、总磷、总氮、氨氮，河流出现黑臭及水质指标超标的区域集中在长生河（枯水期）和梨子园河下游段。

沿河截污工程完善程度较好，部分区段没有实现连通，沿河道存在污水排口、雨污混接口直排现象，依据河道水体最新考核标准需要进行污水处理厂尾水提升工程的建设，流域周边有分散的村庄点源污染及污水口暂无法截污纳管的点源污染。

水生态生境较差，枯水期河道生态基流量不足，部分河段水体溶解氧和透明度降低，水生物种单一，部分河段水体严重富营养化，植物与动物水生态系统结构与功能不完善。

滨水景观方面，长生河流域具备自然资源和旅游资源优势，区位有一定优势并具备政策支持。但存在驳岸形式单一、土地裸露与空间隔离的现象，区域文化相对缺失，滨河绿岛连通性较差，滨水休闲游憩与景观美学功能有待提升。

## 6.2.4　工程设计思路

长生河流域整治主要从截污着手，对典型的入河排口进行控制，在对点源有效控制的基础上，对局部淤积较为严重的节点开展清淤工作。此外，开展区域海绵城市建设，有效控制各类型入河雨水排放口，避免初期雨水对河流造成的影响，并在河道内部开展相关的生态治理，提高河道的自净能力。

长生河及其支流环境综合整治技术路线如图 6-11 所示。

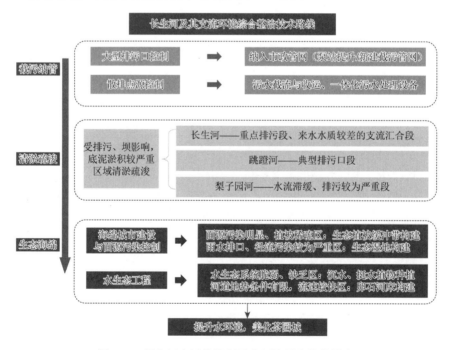

图 6-11　长生河水污染控制及水环境保障总体思路

### 6.2.5　示范工程建设

基于技术研究与装备开发,本书在重庆市主城区长生河流域确定示范点位并开展技术示范(表 6-5),形成适合重庆典型次级河流湖库水质改善及生态恢复技术体系。

**表 6-5　示范点位基本情况一览表**

| 序号 | 名称 | 流域面积/km² | 关键技术示范 | 示范点位 | 工程量 |
| --- | --- | --- | --- | --- | --- |
| 1 | | | 雨水口智能分流技术 | 雷家桥水库下游 | 1 台 |
| 2 | 长生河 | 83.4 | 静滞水面水动力抑藻技术 | 雷家桥水库下游、同景国际城附近 | 2 台 |
| 3 | | | 天然河湖岸生态带和水生植物系统 | 雷家桥水库下游 | 覆盖面积 35300 m² |

### 6.2.6　关键技术集成

#### 1. 雨水口分流与污染控制技术措施设计

长生河流域海绵城市建设与面源污染控制工程,主要包括集中式生态湿地构建、生态植被缓冲带构建、初期雨水控制设施及部分小型低影响开发(low impact development,LID)设施(包括生物滞留带、雨水花园、透水铺装、绿色屋顶)等。长生河以生态湿地打造为主,跳蹬河以卵石河床构建为主,梨子园河上游以生态湿地打造为主,下游主要是生态植被缓冲带构建,初期雨水控制设施分布在雨水口,总体布局示意图如图 6-12 所示。

示范工程设计范围内场地以生态修复与景观设计为主,现状河道纵坡较大,且河道两岸红线范围狭长,综合景观效果及生态效益选取生物滞留设施(生态湿地、雨水花园)、植被缓冲带、透水铺装等海绵城市设施进行组合设计。在设计中,首先根据服务流域面积的大小以及流域的用地情况,明确该区域的产流情况,根据研究结果,选取 7 mm 的初期雨水分流比。在设计中,通过设置进水槽,优先将初期来水收集,并通过进水槽底部的孔洞输送进入后续的湿地。在进水槽设置溢流围堰,当来水流量过大时,来水直接溢流进入河道,实现初期雨水的收集处理与后期洁净雨水的溢流分流。

#### 2. 水体兴波抑藻工程措施

为了抑制藻类的暴发,提升水动力条件,项目组在长生河示范段布置了两台自主研发兴波抑藻设备(图 6-13)。所安装的兴波抑藻设备的功率为 180 W,输入电压为 220 V,有效抑制藻类的半径范围为 190~250 m,表面紊动半径范围为 50~150 m。安装位置分别位于雷家桥水库下游 300 m 和同景国际城附近水域。

通过分析兴波抑藻设备运行区域周边水体可以看出,设施设备的持续运行形成了稳定的表面波,使得水体形成持续波动,对水中藻类的生长起到了一定的抑制作用。对水体中的藻类相关指标的监测表明,持续的紊动 5~7 天后,水中藻类细胞浓度出现一定程度的下降。水中 OD680(光吸收值,在 680 nm 波长处的光密度)由接近 0.09 cm$^{-1}$ 下降至约 0.06 cm$^{-1}$,藻类密度由约 $1.8 \times 10^6$ CFU/L 降低至 $1.3 \times 10^6$ CFU/L 的水平(图 6-14)。

图 6-12　海绵城市建设与面源污染控制工程总体布局示意图

图 6-13　兴波抑藻机示意及实景图

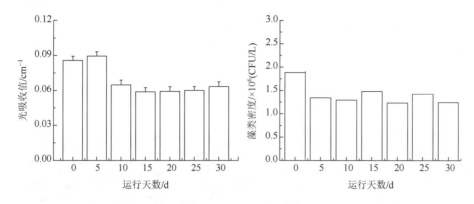

图 6-14　设备运行期长生河水体藻类密度及相关指标

#### 3. 天然河湖岸生态带和水生植物系统

长生河为长江南岸一级支流,发源于巴南区鹿角场,全长 29 km,包含一条主河、两条支流。其中,主河长生河全长 18.5 km,两条支流分别是梨子园河(全长 7.5 km)、跳蹬河(全长 3 km)。长生河流域城市空间扩张、自然植被带减少改变了流域自然水文循环,加剧了径流污染效应、径流峰值效应等径流综合效应。同时,山地城市开发也会出现小流域水质源头污染、中游下游滞洪能力降低的问题。

作者对长生河河段岸边生态带的非水生植物和水生植物进行了详细调查分析,研究了长生河岸边生态带对初期雨水的过滤净化能力,于长生河河段开展物理层级应用,为长生河流域构建具有良好生态功效的近岸生态带起到指导作用。

天然河湖岸生态带和水生植物系统于长生河流域开展应用后,得到目前具有生物物理层级的岸边带,实际状况如图 6-15 所示。对长生河岸边的生物物理层级实况进行调查,发现生态带对污染径流拦截及净化和生态景观塑造具有一定的作用。

图 6-15　长生河生物物理层级现场照片

### 6.2.7　流域治理成效

#### 1. 示范工程建设情况

长生河示范段共设置 1 处初期雨水控制示范工程,采用了水力分流 + 人工湿地控制的技术措施。总面积约 1800 m²。流域内共放置两台兴波抑藻机，分别位于长生河通江大桥以南 200 m 位置；长生河靠近长电路 3 站（茶园德庄公交站）河湾处。兴波抑藻机设置在河湾处，对此处相对静止的水面进行扰动，干扰藻类生长，从而实现对周边藻类生长的有效控制。示范工程自 2018 年启动设计，2019～2020 年完成了相关的建设工程，目前已进入运行维护阶段（图 6-16）。

图 6-16　长生河示范工程实景图

## 2. 运行效果

自示范工程建设以来，作者委托重庆市华测检测技术有限公司开展了长生河同景国际和入河口断面的水质监测。2021 年 11 月和 12 月水质情况如表 6-6 所示。

表 6-6　长生河同景国际、入河口断面水质情况一览表

| 断面名称 | 项目 | IV类标准限值 | 2021-11-15 | 2021-11-23 | 2021-12-16 | 2021-12-23 | 评估结果 |
|---|---|---|---|---|---|---|---|
| 长生河同景国际 | COD | 30 | 22 | 19 | 15 | 19 | 满足IV类水质要求 |
| | TP | 0.3 | 0.26 | 0.19 | 0.2 | 0.18 | |
| | NH₃-N | 1.5 | 0.198 | 0.401 | 0.408 | 0.318 | |
| 长生河入河口 | COD | 30 | 15 | ND | 13 | 12 | |
| | TP | 0.3 | 0.07 | 0.04 | 0.07 | 0.07 | |
| | NH₃-N | 1.5 | 0.128 | 0.297 | 0.291 | 0.208 | |

工程实施后，2021 年 11 月和 12 月示范段均满足IV类水质要求，达到区域相关水质要求。

# 第7章　水质运维技术

为保证国家水环境质量自动监测网的数据连续准确可靠，运维单位严格按照招标人的技术要求和质量控制要求，全面负责监测站（站房、所有仪器设备等）的日常运行维护。

（1）运行维护期间运维单位应遵守国家的有关法律、法规及其他规定，依照有关规范和技术要求，科学管理，使监测站的运行结果达到国家及行业颁布的技术标准和招标人要求的考核指标要求；使水质自动监测系统发挥其效能和作用。

（2）运行维护及管理期间，站房值守人员的工资及相关费用，以及水站运行产生的水电、通信、采暖费用、试剂耗材费用、仪器设备维修费、设施设备的年检保养和水站安全保障所发生的费用，均由运维单位负责。如遇水电、通信条件无法满足运维需要，站房采水等基础设施出现无法解决的重大问题时，运维单位应提前和当地监测站协调解决并上报给相关负责人。

（3）运维单位承诺每年适时对监测站站房进行一次修缮，并做好避雷系统的年检工作。

（4）运维单位积极参加技术培训以及运维质量的相互监督检查，接受负责人或其委托相关机构的监管和考核。

（5）运行维护期间，如遇负责人更换或新增仪器，运维单位积极配合做好新仪器的安装、调试和运行维护等工作，以及数据无缝对接到招标人指定的管理平台。

（6）运行维护期间，监测站的全部资产（建筑物、设备、软件、配套设施、水质自动监测系统和配套监控系统产生的各类数据信息及相关文档资料等）属采购人所有。未经同意，任何人不得以任何方式对各类财产进行出售、抵押或转卖。

（7）运维单位保证对水站的监测数据做好保密工作，不以任何方式和渠道向外界提供或用于商业用途。

（8）运行维护期间，运维单位应确保水站全部资产的完整、安全并处于良好状态。为每个水站配备值守人员，避免出现因被盗、人为破坏等造成的资产流失。如出现因运维单位安保措施不当而造成的水站资产丢失、破坏的情况，当日运营负责人将负责复原，并尽快恢复运行，所产生的费用由运维单位承担。除此之外，积极协助采购人做好水站固定资产登记管理等工作。

（9）运维单位承诺在运维期满后保证资产完好，并做好资产交接，确保交接的仪器设备满足本标书和交接方案的技术要求。

（10）如遇国家要求发生改变时，则依据国家有关规定和技术要求出台新的运维要求，以新要求为准。

## 7.1　管　理　职　责

水质自动监测站的运行维护主要包括远程维护、现场维护和应急维护等工作，保证监测数据质量，并对维护过程进行详细记录。运维单位严格根据负责人的运维内容与要求制定完善的运行维护管理办法与方案，明确监测站各个系统（采水系统、配水系统、分析系统、数采系统、通信系统以及辅助系统）的维护方法、周期、内容及技术保障等。水站现场配备必要的操作手册、管理规章和现场记录本等。每次维护后做好系统运行维护记录。

主要参考技术规范与标准：国家环境保护总局发布的相关水质在线监测技术标准和专业图书。

（1）国家标准方法和《水和废水监测分析方法》。

（2）《国家地表水水质自动监测站运行管理办法》。

（3）《环境水质监测质量保证手册》。

（4）《地表水和污水监测技术规范》（HJ/T 91—2002）。

（5）《水质 河流采样技术指导》（HJ/T 52—1999）。

（6）《国家环境监测网质量体系文件》。

## 7.1.1 运行机制和职责分工

次级河流水质检测管理技术的管理团队负责系统的技术管理、运维考核职责，设备所在地的硬件方面由当地有关人员负责并要求保持设备正常工作的基本条件。运维机构负责软硬件的正常运行维护工作。具体要求如下。

### 1. 管理团队职责

（1）负责组织建设次级河流和湖库水质监测治理系统，对水环境监测数据进行管理。

（2）负责组织制定并实施次级河流和湖库水质监测治理系统的建设、验收、运行及质量管理等相关的规章、制度、标准和规范。

（3）负责次级河流和湖库水质监测治理的综合管理，对硬件质控体系运行情况进行检查。

（4）负责次级河流和湖库水质监测治理硬件点位调整优化方案及技术审核。

（5）负责制定次级河流和湖库水质监测治理运维相关记录表格。

（6）负责运维机构的绩效考核。

### 2. 当地运维主要职责

（1）负责站房用地、站房站点建设或租赁、安全保障、电力供应、网络通信、供暖和出入站房等日常运行所必需的基础条件保障工作，及时报送次级河流和湖库水质监测治理系统硬件点位的供电、通信和周边环境等的异常情况，协调解决电力供应和网络通信问题。

（2）建立本区域预防人为干扰干预监测过程的工作机制。

### 3. 运维机构主要职责

（1）负责次级河流和湖库水质监测治理的日常运行维护，对监测系统正常、稳定和安全运行负责。

（2）配备满足次级河流和湖库水质监测治理系统运行维护的技术人员、仪器设备和备机、备品配件库、办公环境、交通工具。

（3）执行次级河流和湖库水质监测治理系统自动监测标准规范、质量体系文件、质量控制计划及合同中相关要求。

（4）建立运行保障制度，制定并实施运维应急预案和内部质量控制与质量保证制度。

（5）制定并实施运维年度工作计划，包括运维内容、运维人员和质量控制要求。

（6）负责环境空气自动监测数据采集、传输和在线审核工作，对数据质量负责。

（7）建立数据异常快速响应机制，发现数据中断、异常等情况时，及时查找分析原因，排除异常情况，采取措施预防再次发生。

（8）负责对监测设备、采样系统等日常巡视，发现并确认异常情况和原因，及时报送生态环境部门。

（9）承担次级河流和湖库水质监测治理系统站房租金、电费、网络通信费等费用支出。

（10）配合次级河流和湖库水质监测治理系统硬件点位调整工作。

（11）接受上级单位和环保部门的质量检查。

## 7.1.2　点位和数据管理

### 1. 点位管理

管理团队负责次级河流和湖库水质监测治理系统硬件点位增加、变更、撤销等管理工作。点位投入使用后，不得擅自增加、变更、撤销。点位确需调整时，由属地运维团队提出申请，报有关单位批准。

### 2. 数据质量管理

（1）运维机构应保证数据采集硬件和软件、站点网络设备正常运行，在出现非网络因素的传输故障时，应在 24 小时内恢复数据传输。

（2）运维机构在进行仪器运行维护、日常质控、维修及更换工作时，应提前预判对数据有效性可能产生的影响。

（3）因停电、自然灾害等因素导致监测中断时，应在运维记录中记录，并附有关证明材料。

（4）运维机构应确保数据采集与传输过程中，无远程软件干预干扰。

### 3. 数据审核

运维机构对次级河流和湖库水质监测治理系统监测数据进行审核，并将审核数据按时提交有关环保单位。

如对监测数据存在质疑，由运维机构进行核实及答复。如答复后仍存有质疑，由有关环保单位组织核实及答复。

### 7.1.3　运行维护

运维机构应设立运行维护部门，开展次级河流和湖库水质监测治理系统的日常运行和维护，建立次级河流和湖库水质监测治理系统档案制度，所有资料妥善保管，便于使用和检查。具体包括：

（1）加强人员培训，接受相关部门组织的技术能力培训。

（2）定期进行仪器设备维护保养，建立故障报修制度，设立备品备件库及备机库。

（3）国标法子站应按照国家环境空气自动监测技术规范和仪器说明书要求定期更换备品备件。

（4）定期检查站房消防、防雷、供电、网络通信、视频监控、空调、除湿机等设施，保证其正常运行。

（5）每日查看监测数据并形成记录，对站点运行情况进行远程诊断和运行管理，判断监测系统数据采集与传输情况。每月对数据进行备份。

（6）及时发现监测数据异常情况，并在 24 小时内向生态环境部门提交监测数据异常报告。

（7）满足生态环境部门对国标法监测子站故障响应时间要求。每日 6～23 时出现故障时，应在发现故障 2 小时之内响应，4 小时内到达现场排除故障，通信和电力线路故障除外，但应及时与相关部门联系解决。

（8）建立运行维护档案，详细记录次级河流和湖库水质监测治理系统运行过程和运行事件。

### 7.1.4　运行考核

1. 绩效考核

项目管理团队制定运维机构绩效考核办法，每季度组织对运维机构有关管理规定的执行情况、自动监测系统的运行情况、运维工作完成情况、质量管理实施情况、数据获取率与质控合格率、运维记录填报情况进行绩效考核。

2. 运维质量

因运维不当导致仪器报废的，运维机构应依照运维合同的约定承担相应责任。运维机构有下列情形之一的，扣除当季绩效考核成绩和运行经费，并给予警告。对警告三次仍不改正的运维机构，有权终止其运维，情况如下。

（1）监测数据传输中断，但未及时向有关单位报告并说明原因的。

（2）拒绝或迟报审核数据的。

（3）拖延、阻碍、拒绝质量检查或飞行检查的。

（4）发现采样、分析、数据采集和传输等过程人为干扰，未按要求及时向有关部门报告。

（5）未按要求开展运行维护，导致国标法子站非正常运行的。

（6）其他不履行规定职责的情形。

### 3. 数据保密

运维机构对监测数据负有保密责任，未经有关单位同意，不得将监测站数据提供给任何第三方，不得利用监测站数据、档案或有关资料对外开展技术交流、科学研究、业务联系、数据交换等活动。

## 7.2　硬件实施运维制度

### 7.2.1　运维工作一般要求

（1）保持站房内部环境清洁，布置整齐，各仪器设备干净清洁，设备标识清楚。

（2）检查供电、网络通信的情况，保证系统的正常运行。

（3）保证空调正常工作，仪器运行温度保持在 25℃左右，站房内温度日波动范围小于 3℃，相对湿度保持在 80% 以下。

（4）指派专人维护，设备固定牢固，门窗关闭良好，人走门关，非工作人员未经许可不得入内。

（5）定期检查消防和安全设施。

（6）每次维护后做好系统运行维护记录。

（7）进行维护时，应规范操作，注意安全，防止意外发生。

### 7.2.2　国标法子站运维工作要求

#### 1. 每日工作

每天上午和下午两次远程查看站点数据并形成记录，分析监测数据，对站点运行情况进行远程诊断和运行管理，内容包括：

（1）判断系统数据采集与传输情况。

（2）根据电源电压、站房温度、湿度数据判断站房内部情况。

（3）根据仪器参数信息判断仪器运行情况。

（4）根据故障报警信号判断现场状况。

（5）每日检查数据是否及时上传，发现掉线应及时恢复。

（6）每日审核前 1 日各监测点位原始小时值。

#### 2. 每周工作

每周至少巡视站点 1 次，并做好巡查记录，巡检时完成的工作包括：监测站及设备内外环境和监测治理系统情况两个部分（表 7-1～表 7-3）。

### 表 7-1　周-巡检工作汇总表

巡检工作汇总表（周）

省（区、市）：重庆市　　　城市：　　　站点名称：

运维单位：

| 项目 | 工作内容 |
|---|---|
| 常规巡检 | |
| 清洗维护类 | |
| 仪器检查校准类 | |
| 更换耗材备件类 | |
| 设备维修类 | |
| 更换备机类 | |
| 其他需要记录的内容 | |

| 巡检人 | | 巡检时间 | |
|---|---|---|---|

注：每次巡检结束离开子站前，由巡检人员填写此表。

### 表 7-2 · 周-巡检现场记录表

巡检记录表（周）

省（区、市）：重庆市　　　城市：　　　站点名称：

运维单位：

时间：　　年　　月　　日

| 序号 | 巡查内容 | 正常"√" | 异常"√" |
|---|---|---|---|
| 一 | 站房外部及周边 | | |
| 1 | 点位周围环境变化情况 | | |
| 2 | 点位周围安全隐患 | | |
| 3 | 点位周围道路、供电线路、通信线路、给排水设施完好或损坏状况 | | |
| 4 | 站房外围的防护栏、隔离带有无损坏情况 | | |
| 5 | 周围树木是否需要修剪 | | |
| 6 | 站房屋顶是否完好，有无漏雨 | | |
| 二 | 站房内部 | | |
| 7 | 站房环境卫生是否合格 | | |
| 8 | 消防器材是否在使用有效期内 | | |
| 9 | 站房内部的供电、通信是否畅通 | | |
| 10 | 站房内部给排水、供暖设施、空调工作状况 | | |
| 11 | 站房内有无设备产生的异常声音 | | |
| 12 | 站房内有无异常气味 | | |
| 13 | 自动监测室内温度、湿度是否符合要求 | | |

续表

巡检记录表（周）

省（区、市）：重庆市　　城市：　　站点名称：

运维单位：

时间：　　年　　月　　日

| 序号 | 巡查内容 | 正常"√" | 异常"√" |
|---|---|---|---|
| 14 | 液体采样管路是否正常，是否有异物 | | |
| 15 | 排风扇是否正常运行 | | |
| 16 | 稳压电源参数是否正常 | | |
| 17 | 各电源插头、线板工作是否正常 | | |
| 18 | 检查清洁采样头、颗粒物切割头，清理滤水瓶积水 | | |
| 19 | 仪器水泵工作是否正常 | | |
| 20 | 检查钢瓶气及减压阀安全情况 | | |
| 21 | 检查采样总管和支管有无污染物 | | |
| 22 | 检查/更换水泵系统是否正常工作 | | |
| 23 | 检查振荡天平法仪器气水分离器是否有积水，必要时进行清理 | | |

异常情况及处理说明：

填表人：　　　　　　　　　　　时间：

## 表 7-3　周-巡查记录表

水质监测站巡查记录表

巡检日期：　　　　　　　　　　　　　　巡查方式：线上巡查

| 站点名称 | 设备是否在线 | 各因子是否存在负值 | 有无连续长时间数值跳变 | 有无连续长时间出现恒值 | 气体流量是否正常 | 电池运行是否正常 | 预估未来一周天气是否光照充足 |
|---|---|---|---|---|---|---|---|
| 站点 1 | □ 是<br>□ 否 | □ 是<br>□ 否 | □ 有<br>□ 无 | □ 有<br>□ 无 | □ 是<br>□ 否 | □ 是<br>□ 否 | |
| 站点 2 | □ 是<br>□ 否 | □ 是<br>□ 否 | □ 有<br>□ 无 | □ 有<br>□ 无 | □ 是<br>□ 否 | □ 是<br>□ 否 | |
| 站点 3 | □ 是<br>□ 否 | □ 是<br>□ 否 | □ 有<br>□ 无 | □ 有<br>□ 无 | □ 是<br>□ 否 | □ 是<br>□ 否 | 预计未来一周天气以多云天气为主，光照强度良好，持续关注各站点太阳能充电及电池运行状态检查 |
| 站点 4 | □ 是<br>□ 否 | □ 是<br>□ 否 | □ 有<br>□ 无 | □ 有<br>□ 无 | □ 是<br>□ 否 | □ 是<br>□ 否 | |
| 站点 5 | □ 是<br>□ 否 | □ 是<br>□ 否 | □ 有<br>□ 无 | □ 有<br>□ 无 | □ 是<br>□ 否 | □ 是<br>□ 否 | |
| 站点 6 | □ 是<br>□ 否 | □ 是<br>□ 否 | □ 有<br>□ 无 | □ 有<br>□ 无 | □ 是<br>□ 否 | □ 是<br>□ 否 | |

1）监测站及设备内外环境

（1）检查机柜的接线是否可靠，排风排气装置工作是否正常，是否有异常的噪声和气味。

（2）检查采样和排气管路是否有漏气或堵塞现象，各分析仪器采样流量是否正常。

（3）检查各分析仪器运行状况或工作参数，如流量、气温、气压等是否正常。

（4）采样头周围 1 m 范围内无障碍物或其他采样口，与低矮障碍物之间的距离至少 2 m，与高大障碍物之间水平距离是障碍物高出采样口垂直距离的两倍以上。采样口具有 270°以上自由空间（自由空间应包括主导风向）。采样头防护网应完整。

（5）对站房及监测设备周围的杂草和积水及时清除，当周围树木生长超过规范规定的控制限时，对采样或监测光束有影响的树枝应及时进行剪除。

（6）检查天线是否有损坏，站房及机柜外围的其他设施是否有损坏或被水淹，如遇到以上问题应及时处理，保证系统安全运行。

（7）检查站房及监测设备内温度是否保持正常，相对湿度保持在 80%以下，在冬、夏季节应注意站房内外温差，若温差较大使采样装置出现冷凝水，应及时调整站房温度或对采样总管采取适当的温控措施，防止冷凝现象。

（8）每周对站房内外环境卫生进行检查，及时保洁。

（9）检查站房及机柜的安全实施，做好防火防盗工作。

2）监测治理系统情况

（1）查看仪器设备是否齐全，有无丢失和损坏，检查接地线路是否可靠。

（2）检查排风排气装置工作是否正常，标准气钢瓶阀门是否漏气，标准气的消耗情况。

（3）检查采样和管路是否有漏气或堵塞现象，各分析仪器采样流量是否正常。

（4）检查各类仪器设备运行状况或工作参数是否正常，如有异常情况及时处理，保证仪器设备运行正常。

（5）检查标准设备读数标准情况，如果漂移超过国家相关规范要求，需要进行校准。

（6）检查电路系统，保证系统供电正常，电压稳定。

（7）检查通信系统，保证站点与远程监控中心的连接正常，数据传输正常。

（8）检查监测仪器和治理设备的入口与支路管线接合部之间安装的过滤膜的污染情况，检查监测仪器散热风扇污染情况，按要求及时更换滤膜或清洗风扇。

（9）对水质监测设备及治理仪器的运行情况进行检查。

（10）仪器配备的干燥剂等应每周进行检查，及时更换。

（11）对治理设备喷口进行检查，如喷口堵塞，及时进行更换。

（12）对监测仪器设备中的过滤装置，按仪器设备使用手册规定的更换和清洗周期，定期进行更换和清洗，一般情况下每两周至少更换 1 次。

3. 每月工作

（1）清洗监测及治理设备的传感器及检查系统是否正常工作。

（2）清洗各仪器传感器及治理设备，防止泥土阻塞过喷口。

（3）检查各类仪器监测数值，是否超过国家相关规范要求，及时进行校准。

（4）每月检查校准各仪器时钟。如设备与数据采集仪连接，需要同时检查数据采集仪的时钟。

（5）对仪器显示数据和数据采集仪之间的一致性进行检查（表7-4）。

（6）每月对数据进行备份。

**表 7-4　月-巡查记录表**

| 微型空气站例行检查记录表（月） | | | |
|---|---|---|---|
| 巡检日期：　年　月　日 | | 巡查方式： | |
| 巡检项目 | 气体滤膜更换（视工况而定） | 月度数据统一质控（专人进行） | SIM 卡流量管理（提前准备续费或换卡） |
| 站点 1 | | | |
| 站点 2 | | | |
| 站点 3 | | | |
| 站点 4 | | | |
| 站点 5 | | | |
| 站点 6 | | | |
| 站点 7 | | | |
| 站点 8 | | | |
| …… | | | |
| 巡检人员签名：　　　　　　　　　　　日期： | | | |
| 异常处置情况描述： | | | |

4. 每两个月工作

（1）更换设备耗材，进行系统自检。

（2）校准和检查探头及系统数据存储时间的准确性。

5. 每季度工作

（1）治理设备每季度至少深度清洗一次。

（2）每季度对水体污染物进行精密度校准。

6. 每半年工作

（1）检查通信装置是否正常工作。

（2）对水质污染物监测仪进行多点校准，绘制多指标校准曲线，检验相关系数、斜率和截距。

（3）对治理设备进行单点检查，必要时更换设备。

7. 每年工作

对所有仪器进行预防性维护，按说明书的要求更换备件，更换所有泵组件和耗材。

### 7.2.3　监测站运维工作内容

1. 质控管理

大数据计算：根据水质检测站状况，利用周边国控站的数据及其实时检测数据对监测站进行云平台校正，确保现场设备运行的数据准确可靠。

2. 日常运维

（1）每周及时检查站点电、网络、水泵系统等情况，保证系统仪器具有良好的运行环境，并做好记录。

（2）每月对仪器进行一次同步比对校准。

（3）每季度不少于一次现场巡查并根据现场工况进行耗材更换。

（4）每年进行一次预防性检查。

3. 预防性维护

1）年度预防性维护

（1）每年至少进行一次预防性检修。

（2）按照仪器使用和维护手册规定的要求，根据使用寿命更换监测仪器中的水泵、光学系统等关键零部件。

（3）对设备电路各测试点进行测试与调整。

（4）对仪器进行气路检漏和流量检查。

（5）对仪器气路、电路板和各种接头及插座等进行检查和清洁处理。

（6）在每次全面预防性检修，或更换了仪器中的关键零部件后，对仪器重新进行校准和检查。

（7）对于完成预防性检修的仪器，进行连续 24 小时的仪器运行考核，在确认仪器工作正常后，方可投入使用。

（8）维护人员在进行年度维护和大修时，及时做好维护记录。维护记录包含对仪器采取的维护措施和内容，以及校准核查等记录。

（9）对于因自然老化影响监测数据准确度的仪器和零配件，通过数据审核一经确认不再满足监测要求的，及时更换新机或新零配件，保证数据的联网率、有效率和准确性。

2）其他预防性维护

（1）出现流量异常时及时校准，保证数据的准确性。

（2）定期进行传感器清洗。

（3）对监测仪器中的过滤装置，按仪器使用和维修手册的要求定期进行更换和清洗。

（4）预防维护记录备查，留备考核。

4. 故障检修

若发现仪器故障，检修时需要仪器设备停用、拆除或更换的，及时报用户方。对于简单故障，如管路堵塞、网络模块死机等，其故障维修时间不超过 24 小时，运维人员在 24 小时内向主管部门报告并排除现场问题。

若数据存储/控制仪发生故障，在 8 小时内给出解决方案，24 小时内修复或更换，并保证已采集的数据不丢失。检修人员进行维修时及时做好维修记录。维修记录包含该故障发生的时间、故障现象、维修措施和内容、维修结果等。

对于由不可抗力造成的重大故障，严重影响系统运行或无法运行时，双方组织有关领导和技术人员到现场进行实地考察，并共同研究商定解决方案。储备足够的备品备件及备用仪器，保证自动监测系统的正常运行需求。故障维修记录备查，留备考核。

## 7.2.4　运维考核方式

1. 考核周期

负责人每季度组织对运维机构进行考核。

2. 考核内容

考核采取百分制的方式。主要包括监测数据获取率、监测数据质控合格率、日常运行维护和制度保障等内容，其中两率考核占 60%，日常运行维护考核占 20%，制度保障及落实情况考核占 20%。

1）两率部分

监测数据获取率均达到 90%（含），分值为 30 分；监测数据质控合格率均达到 80%（含），分值为 30 分，两率共 60 分。

（1）如数据获取率低于 90%，每出现一个国标法路边站，扣 1 分；每出现一个监测站，扣 0.5 分。

（2）如数据质控合格率低于 80%，每出现一个国标法路边站，扣 1 分；每出现一个监测站，扣 0.5 分。

2）日常运行维护

日常运行维护部分由负责人每季度组织现场检查核实，包括国标法路边站日常维护、水质监测站巡检、监测站大数据计算校准、通信系统、应用系统维护等方面，共计 20 分。

3）制度保障及落实情况

制度保障及落实情况部分由负责人团队每季度组织检查核实，包括制定运行维护体系方案、应急响应情况、档案记录、运维工作完成情况、工作服务态度等方面，共计 20 分。

3. 考核评分表

考核评分表的相关要求和明细见表 7-5。

**表 7-5　考核评分表**

| 类型 | 检查内容 | 检查要点 | 单项分值 | 得分 | 评分说明 |
|---|---|---|---|---|---|
| 两率部分（60分） | 数据获取率 | 数据获取率均达到90%（含） | 30 | | 每出现一个国标法路边站数据获取率低于90%，扣1分；每出现一个水质监测站数据获取率低于90%，扣0.5分 |
| | 数据质控合格率 | 数据质控合格率均达到80%（含） | 30 | | 每出现一个国标法路边站数据质控合格率低于80%，扣1分；每出现一个水质监测站数据质控合格率低于80%，扣0.5分 |
| 日常运行维护（20分） | 国标法路边站-日常维护 | 站房环境是否清洁，是否符合检查要求 | 2 | | 1. 房干净，无明显灰尘；2. 房物品摆放整齐；3. 明显异味；4. 房内线路规整；站房无与监测站无关的设备及杂物。备注：一项不满足扣除0.1分，扣分上限为单项分值 |
| | | 站房基础设施是否满足监测要求 | 2 | | 1. 水：站房无漏水，无漏雨现象；2. 电：仪器用电配有稳压器；3. 调：过滤网无积尘；4. 象杆：无损坏。备注：一项不满足扣除0.1分，扣分上限为单项分值 |
| | | 采样系统清洁程度：采样头、采样管道是否清洁，有无积灰、积水或障碍物；及时对缓冲瓶内积水进行清理，采样风机是否正常工作 | 2 | | 1. 粒物采样头、采样管完好，明显积灰，缓冲瓶内无积水；2. 态采样总管清洁；3. 态采样支管清洁；4. 样风机正常工作。备注：1~4项不满足每项扣0.1分，扣分上限为单项分值 |
| | | 仪器过滤膜是否及时更换，散热风扇是否及时清洗 | 1 | | 1. 看滤膜更换记录，保证仪器滤膜及时更换；2. 器散热风扇工作正常；3. 热风扇过滤网无缺失，及时清理。备注：任一项不满足要求的，扣0.1分，扣分上限为单项分值 |
| | 水质监测站巡检 | 定期检查零气发生器的温度控制和压力 | 1 | | 1. 零气发生器温度控制正常；2. 零气发生器压力正常，气路无漏气。备注：任一项不满足要求的，扣0.1分，扣分上限为单项分值 |
| | | 每季度每站点至少一次微型站现场巡检 | 4 | | 考核巡查记录表。备注：缺少一个站点巡查记录，扣0.1分；扣分上限为单项分值 |
| | 水质监测站大数据校对 | 每月进行一次水质监测站大数据校对 | 3 | | 考核水质监测站大数据校对记录表。备注：缺少一次，扣1分；扣分上限为单项分值 |
| | 高空瞭望巡检 | 每季度每站点至少进行一次点检保养及安全检查 | 2 | | 考核高空瞭望巡检记录表。备注：缺少一次，扣0.2分；扣分上限为单项分值 |
| | 通信系统维护 | 通信系统是否正常工作，能否正常采集数据并上传平台 | 1 | | 1. 测站通信系统正常工作；2. 标路法边站通信系统正常工作。备注：出现一个站点，扣0.1分；扣分上限为单项分值 |
| | 应用系统维护 | 水质监测系统、水质数据展示系统是否正常工作，能否正常使用登录 | 2 | | 水质监测系统、水质数据展示系统正常工作，能正常使用登录。备注：出现一次无法登录使用，扣1分；扣分上限为单项分值 |
| 日常工作保障及落实情况（20分） | 制定运行维护体系方案（9） | 维护单位制定运行维护体系方案 | 9 | | 方案内容包括监测站定期巡检要求及内容、仪器设备定期维护要求及内容、视频监控事件处置管理制度、质量保证和质量控制、人员安排、风险防范、会商报告制度等。备注：方案内容不全，每部分扣1分，未提交不得分 |

续表

| 类型 | 检查内容 | 检查要点 | 单项分值 | 得分 | 评分说明 |
|---|---|---|---|---|---|
| 日常工作保障及落实情况（20分） | 应急响应情况 | 仪器出现突发故障,发生时间在8～23时;必须在2小时之内做出响应,4小时内赶赴现场对事故进行处理 | 3 | | 应急反应不及时,每出现一次扣0.5分,扣完为止 |
| | 档案记录 | 是否按照要求填写现场运维记录,记录是否规范和齐全 | 3 | | 现场填写的运维记录是否规范齐全,缺少一项扣0.1分,扣分上限为单项分值 |
| | 运维工作完成情况 | 是否按照运维要求完成当月运维工作报告 | 3 | | 对照运维工作制度和合同要求,及时提交月度工作报告。备注:缺少一项扣1分,扣分上限为单项分值 |
| | 工作服务态度 | 两名驻场人员工作服务态度 | 2 | | 考核两名驻场人员工作服务态度。备注:每名驻场人员各1分;"优秀"得满分,"合格"扣0.5分;"不合格"扣1分 |

注:考核评分不包含外部电源中断、站址纠纷、人力破坏、外界不可抗力等因素造成的故障。两率部分的考核依据为次级河流和湖库水质保障技术及研究-设备运维-设备有效率统计-数据捕获率和数据质控合格率。

### 4. 考核结果

考核总分在 80 分(含)以上,当期考核评价结果定义为"优秀";考核总分在 60(含)～80 分,当期考核评价结果定义为"合格";考核总分在 60 分以下,当期考核评价结果定义为"不合格";每季度考核评价结果呈年度服务质量专家评审会审查,作为综合评定年度服务工作质量的依据材料之一。

# 参 考 文 献

蔡晓明，2000. 生态系统生态学[M]. 北京：科学出版社.

陈俊合，陈小红，1999. 水库三维 Fe、Mn 迁移模型：阿哈水库实例研究[J]. 水科学进展，10（1）：14-19.

陈志良，2009. 生态资产评估技术研究进展[C]//武汉：中国环境科学学会 2009 年学术年会.

陈静叶，2014. 强化混凝法处理化纤废水的实验研究[D]. 西安：西安科技大学.

重庆市人民政府，2021. 重庆市水安全保障"十四五"规划[R]. 重庆.

重庆市生态环境局，2022a. 2021 年重庆市生态环境状况公报[R]. 重庆.

重庆市生态环境局，2022b. 重庆市水生态环境保护"十四五"规划[R]. 重庆.

方涛，刘剑彤，张晓华，等，2002. 河湖沉积物中酸挥发性硫化物对重金属吸附及释放的影响[J]. 环境科学学报，22（3）：324-328.

傅伯杰，刘国华，陈利顶，等，2001. 中国生态区划方案[J]. 生态学报，21（1）：1-6.

傅伯杰，周国逸，白永飞，等，2009. 中国主要陆地生态系统服务功能与生态安全[J]. 地球科学进展，24（6）：571-576.

高俊峰，高永年，张志明，2019. 湖泊型流域水生态功能分区的理论与应用[J]. 地理科学进展，38（8）：1159-1170.

高永年，高俊峰，2010. 太湖流域水生态功能分区[J]. 地理研究，29（1）：111-117.

葛金金，2019. 闸控河流的水文生态响应关系及应用研究：以沙颍河为例[D]. 北京：中国水利水电科学研究院.

龚春生，范成新，2010. 不同溶解氧水平下湖泊底泥-水界面磷交换影响因素分析[J]. 湖泊科学，22（3）：430-436.

郝弟，张淑荣，丁爱中，等，2012. 河流生态系统服务功能研究进展[J]. 南水北调与水利科技，10（1）：106-111.

胡国华，李鸿业，赵沛伦，等，2000. 黄河多泥沙水体石油污染物自净实验研究[J]. 水资源保护，16（4）：31-32，44.

胡开明，陆嘉昂，冯彬，等，2019. 太湖流域水生态功能分区研究[J]. 安徽农学通报，25（19）：98-104.

黄艺，蔡佳亮，郑维爽，等，2009. 流域水生态功能分区以及区划方法的研究进展[J]. 生态学杂志，28（3）：542-548.

黄晓霞，江源，熊兴，等，2012. 水生态功能分区研究[J]. 水资源保护，28（3）：22-27.

姬泓巍，张正斌，刘莲生，等，1999. 微量金属与水合氧化物相互作用的介质效应[J]. 青岛海洋大学学报（自然科学版），29（S1）：129-134.

鞠美庭，王艳霞，孟伟庆，等，2009. 湿地生态系统的保护与评估[M]. 北京：化学工业出版社.

季楠楠，2020. 论生态环保中污水处理技术的应用[J]. 农家科技（上旬刊），2：253.

李芬，孙然好，杨丽蓉，等，2010. 基于供需平衡的北京地区水生态服务功能评价[J]. 应用生态学报，21（5）：1146-1152.

李浩，谢丽红，陈敏智，等，2009. 成都市耕地土壤有机质现状与管理对策[J]. 四川农业科技（7）：51-53.

李佳璐，姜霞，王书航，等，2016. 丹江口水库沉积物重金属形态分布特征及其迁移能力[J]. 中国环境科学，36（4）：1207-1217.

李莉，张卫，宋炜，等，2010. 重金属在水体中的存在形态及污染特征分析[J]. 现代农业科技（1）：269，273.

李亮，宋翠红，黄远星，2013. 湖泊底泥中磷的形态分布分析[J]. 水资源与水工程学报，24（5）：11-16.

李文华，欧阳志云，赵景柱，2002. 生态系统服务功能研究[M]. 北京：气象出版社.

李想，张代青，宋玲，等，2021. 城市绿地经济价值评价方法的研究现状及其改进探讨[J]. 中国水运（下半月），21（9）：36-38.

李学梅，2010. 重庆市生态环境建设区域配置初步探讨[J]. 安徽农业科学，38（26）：14594-14595.

李艳梅，曾文炉，周启星，2009. 水生态功能分区的研究进展[J]. 应用生态学报，20（12）：3101-3108.

李鱼，刘亮，董德明，等，2003. 城市河流淤泥中重金属释放规律的研究[J]. 水土保持学报，17（1）：125-127.

林锋，2021. 河道底泥污染释放机制和修复技术研究进展[J]. 东北水利水电，39（2）：45-46，48，72.

林忠成，李久春，张道清，2021. 河道底泥修复与处理技术[J]. 技术与市场，28（1）：126-127.

刘国华，傅伯杰，1998. 生态区划的原则及其特征[J]. 环境科学进展（6）：68-73.

刘宗亮，2017. 原位修复技术抑制城市河道污染底泥氮磷释放[D]. 淮南：安徽理工大学.

刘昔，王智，王学雷，等，2018. 应用物种敏感性分布评价中国湖泊水体中重金属污染的生态风险[J]. 湖泊科学，30（5）：1206-1217.

栾建国，陈文祥，2004. 河流生态系统的典型特征和服务功能[J]. 人民长江，35（9）：41-43.

马朝，2016. 基于气候变异影响的流域生态水文响应研究[J]. 河北水利（9）：44.

马宏瑞，张茜，季俊峰，等，2009. 长江南京段近岸沉积物中重金属富集特征与形态分析[J]. 生态环境学报，18（6）：2061-2065.

麦荣保，2015. 水体重金属污染的生态效应与防治对策[J]. 化工管理（20）：221.

孟丽红，夏星辉，余晖，等，2006. 多环芳烃在黄河水体颗粒物上的表面吸附和分配作用特征[J]. 环境科学，27（5）：892-897.

孟伟，张远，郑丙辉，2007a. 水生态区划方法及其在中国的应用前景[J]. 水科学进展，18（2）：293-300.

孟伟，张远，郑丙辉，2007b. 辽河流域水生态分区研究[J]. 环境科学学报，27（6）：911-918.

欧阳志云，王效科，苗鸿，1999. 中国陆地生态系统服务功能及其生态经济价值的初步研究[J]. 生态学报，19（5）：19-25.

欧阳志云，赵同谦，王效科，等，2004. 水生态服务功能分析及其间接价值评价[J]. 生态学报，24（10）：2091-2099.

庞治国，王世岩，胡明罡，2006. 河流生态系统健康评价及展望[J]. 中国水利水电科学研究院学报，4（2）：151-155.

裴佳瑶，2020. 雁鸣湖底泥氮磷释放及主要环境影响因子研究[D]. 西安：西安理工大学.

彭祥捷，黄继国，赵勇胜，等，2010. 湖泊底泥中磷的存在形态与分布特征：以长春南湖为例[J]. 安全与环境学报，10（4）：69-72.

邱栋，2020. 以河道底泥为基体的重金属稳定化机理研究[D]. 哈尔滨：哈尔滨工业大学.

申献辰，冯惠华，王凤荣，等，1996. 有毒物质在黄河小花河段迁移转化的水质模拟研究[J]. 人民黄河，18（7）：23-28.

孙小银，周启星，于宏兵，等，2010. 中美生态分区及其分级体系比较研究[J]. 生态学报，30（11）：3010-3017.

谭镇，李传红，刘正文，2011. 南亚热带富营养化浅水湖泊底泥磷的赋存形态及其对湖水的贡献[J]. 仲恺农业工程学院学报，24（4）：22-26.

唐艳，胡小贞，卢少勇，2007. 污染底泥原位覆盖技术综述[J]. 生态学杂志，26（7）：1125-1128.

童国璋，叶旭红，2010. 生态浮岛技术概述及应用前景[J]. 江西科学，28（4）：470-472，486.

童敏，2014. 城市污染河道底泥疏浚与吹填的重金属环境行为及生态风险研究：以温州温瑞塘河为例[D]. 上海：华东师范大学.

王承刚，肖潇，纪智慧，等，2022. 河道底泥营养物质生态风险及其吸附/解吸特征研究[J]. 中国资源综合利用，40（6）：4-6.

王崇臣，王鹏，2009. pH 值对土壤中 Pb、Cd 释放量的影响[J]. 安徽农业科学，37（5）：2170-2171.

王宇彤，2021. 沉积物中重金属迁移释放规律研究[D]. 徐州：中国矿业大学.

魏烈，侯永兴，2021. 煤化工废水处理 SBR 工艺出水 COD 超标原因分析与对策[J]. 现代盐化工，48（5）：25-26.

夏继红，林俊强，姚莉，等，2010. 河岸带的边缘结构特征与边缘效应[J]. 河海大学学报（自然科学版），38（2）：215-219.

夏继红，陈永明，王为木，等，2013. 河岸带潜流层动态过程与生态修复[J]. 水科学进展，24（4）：589-597.

谢尚宏，杨军，2021. 深圳市水源水库前置库湿地建设及净化面源污染的防治[J]. 吉林水利（2）：59-62.

薛传东，杨浩，刘星，2003. 天然矿物材料修复富营养化水体的实验研究[J]. 岩石矿物学杂志，22（4）：381-385.

徐云杰，赵成东，褚淑祎，等，2022. 污染底泥原位修复技术研究进展[J]. 安徽农学通报，28（7）：136-138.

杨龙元，秦伯强，胡维平，等，2007. 太湖大气氮、磷营养元素干湿沉降率研究[J]. 海洋与湖沼，38（2）：104-110.

姚晓瑞，2013. 新疆北部典型湖泊沉积物中甾醇分布状况及其环境行为研究[D]. 石河子：石河子大学.

叶国杰，王一显，罗培，等，2020. 水处理高级氧化法活性物种生成机制及其技术特征分析[J]. 环境工程，38（2）：1-15.

尹沛泉，2022. 水环境综合整治中河道底泥处置技术比选[J]. 陕西水利（7）：114-115.

尹肃，冯成洪，李扬飏，等，2016. 长江口沉积物重金属赋存形态及风险特征[J]. 环境科学，37（3）：917-924.

尹艳华，徐文国，2005. 黄河泥沙对硝基氯苯的吸附机理研究[J]. 水科学进展，16（2）：164-168.

俞海桥，方涛，夏世斌，2007. 疏浚及水生植被重建对太湖西五里湖表层沉积物中磷、氮含量及形态分布的影响[J]. 农业环境科学学报，26（3）：868-872.

虞洋，梁峙，马捷，等，2014. 底泥修复技术方法和应用前景[J]. 环境科技，27（1）：64-66.

张彪，谢高地，肖玉，等，2010. 基于人类需求的生态系统服务分类[J]. 中国人口·资源与环境，20：64-67.

张海珍，2012. 应用潜在生态风险指数法评价滇池沉积物中的重金属污染[J]. 地下水，34（3）：99-101.

张宏锋，欧阳志云，郑华，2007. 生态系统服务功能的空间尺度特征[J]. 生态学杂志，26（9）：1432-1437.

张洪军，2007. 生态规划：尺度、空间布局与可持续发展[M]. 北京：化学工业出版社.

张华，2019. 利用水田生态功能改善重庆主城次级河流生态环境措施初探[J]. 山西农经（19）：103-104.

张杰，陈熙，刘倩纯，等. 2014. 鄱阳湖主要入湖口重金属的分布及潜在风险评价[J]. 长江流域资源与环境，23（1）：95-100.

张进标，2007. 广东河流生态系统服务价值评估[D]. 广州：华南师范大学.

张鑫，周涛发，杨西飞，等，2005. 河流沉积物重金属污染评价方法比较研究[J]. 合肥工业大学学报（自然科学版），28（11）：1419-1423.

张庆费，郑思俊，夏檑，2010. 植物修复环境植物修复概念与特点[J]. 园林，1：62-64.

张明钰，刘建华，2017. 湿地生态系统修复技术对南海湿地的启发[C]//2017 年全国河湖污染治理与生态修复产学研高峰论坛论文集.

张占梅，黄大俊，石瑞琦，等，2020. 重庆主城区河流底泥中重金属污染现状及生态风险分析[J]. 重庆交通大学学报（自然科学版），39（11）：122-127.

赵斌，2008. 原位钝化药剂处理滇池福保湾污染底泥的中试研究[D]. 西安：西安建筑科技大学.

赵士洞，张永民，2004. 生态系统评估的概念、内涵及挑战：介绍《生态系统与人类福利：评估框架》[J]. 地球科学进展，19（4）：650-657.

赵宇，周思聪，沈汇超，等，2020. 泗洪洪泽湖湿地底泥中氮、磷特征及其与水体富营养化关系[J]. 环境科技，33（3）：24-27.

郑慧娟，傅逸，林颖，等，2021. 湿地生态价值评估方法与应用研究：以广东省云东海国家湿地公园为例[J]. 中国资产评估（11）：28-34.

中国电力年鉴编辑委员会，2022. 2021 中国电力年鉴[M]. 北京：中国电力出版社.

中华人民共和国交通部综合规划司，2022，2021 年公路水路交通行业发展统计公报[R]. 北京.

中华人民共和国水利部，2021a. 2020 年全国水利发展统计公报[M]. 北京：中国水利水电出版社.

中华人民共和国水利部，2021b. 2020 年中国河流泥沙公报[R]. 北京.

周扬屏，2008. 南湖疏浚后底泥中氮、磷分布规律研究[J]. 科技信息（科学教研）（21）：542-543.

环境保护部办公厅，2014a. 湖滨带生态修复工程技术指南[R]. 北京.

环境保护部办公厅，2014b. 湖泊流域入湖河流河道生态修复技术指南[R]. 北京.

Brusseau M L，1991. Cooperative sorption of organic chemicals in systems composed of low organic carbon aquifer materials[J]. Environmental Science & Technology，25（10）：1747-1752.

Chen M S，Ding S M，Liu L，et al.，2015. Iron-coupled inactivation of phosphorus in sediments by macrozoobenthos（ *chironomid larvae* ）bioturbation：evidences from high-resolution dynamic measurements[J]. Environmental Pollution，204：241-247.

Copetti D，Finsterle K，Marziali L，et al.，2016. Eutrophication management in surface waters using lanthanum modified bentonite：a review[J]. Water Research，97：162-174.

Costanza R，d'Arge R，de Groot R，et al.，1997. The value of the world's ecosystem services and natural capital[J]. Nature，387：253-260.

Costanza R，Fisher B，Mulder K,et al.，2007. Biodiversity and ecosystem services：a multi-scale empirical study of the relationship between species richness and net primary production. Ecological Economics，61（2-3），478-491.

Chau K W，Jiang Y W，2003. Simulation of transboundary pollutant transport action in the Pearl River Delta[J]. Chemosphere，52（9）：1615-1621.

Chen H J，2020. Land use trade-offs associated with protected areas in China：current state，existing evaluation methods，and future application of ecosystem service valuation [J]. Science of the Total Environment，711：134688.

Chi J，Wang Q Y，Huang J J，et al.，2008. Sedimentation and seasonal variation of hexachlorocyclohexanes in sediments in a eutrophic lake，China[J]. Journal of Environmental Science and Health Part B，Pesticides，Food Contaminants，and Agricultural Wastes，43（7）：611-616.

Daily G C，Söderqvist T，Aniyar S，et al.，1997. The value of nature and the nature of value. Science.277（5334）：503-505.

de Souza D M，da Silva J L，Ludwig L D C，et al.，2023. Study of the phytoremediation potential of native plant species identified in an area contaminated by volatile organic compounds：a systematic review[J]. International Journal of Phytoremediation，25（11）：1524-1541.

Deane G，Chroneer Z，Lick W，1999. Diffusion and sorption of hexachlorobenzene in sediments and saturated soils[J]. Journal of Environmental Engineering，125（8）：689-696.

Ding R，Yu K，Fan Z W，et al.，2022. Study and application of urban aquatic ecosystem health evaluation index system in river network plain area[J]. International Journal of Environmental Research and Public Health，19（24）：16545.

Ermilova E，Kamalova Z，Ravil R，2020. Influence of clay mineral composition on properties of blended Portland cement with complex additives of clays and carbonates[J]. IOP Conference Series：Materials Science and Engineering，890：012087.

Flood P J，Duran A，Barton M，et al.，2020. Invasion impacts on functions and services of aquatic ecosystems [J]. Hydrobiologia，847（7）：1571-1586.

Frissell C A，Liss W J，Warren C E，et al.，1986. A hierarchical framework for stream habitat classification：

viewing streams in a watershed context[J]. Environmental Management，10（2）：199-214.

Karr J，Chu E W. 2000. Sustaining living rivers[J]. Hydrobiologia，422-423：1-14.

Kenaga E E，Goring C A I，1979. Relationship between water solubility，soil-sorption，octanol-water partitioning, and bioconcentration of chemicals in biota//Geissbuhler H，Kearney P C，Brooks G T. Advances in Pesticide Science. Amsterdam:Elsevier.

Kondolf G M，Boulton A J，O'Daniel S，et al.，2006. Process-based ecological river restoration：visualizing three-dimensional connectivity and dynamic vectors to recover lost linkages[J]. Ecology and Society，11（2）：art 5.

Krishna A K，Satyanarayanan M，Govil P K，2009. Assessment of heavy metal pollution in water using multivariate statistical techniques in an industrial area：a case study from patancheru，medak district，Andhra pradesh，India[J]. Journal of Hazardous Materials，167（1-3）：366-373.

Ling H，2013. Dynamic processes and ecological restoration of hyporheic layer in riparian zone[J]. Advances in Water Science，24（4）：589-597.

Lu S Y，Jin X C，Liang L L，et al.，2013. Influence of inactivation agents on phosphorus release from sediment[J]. Environmental Earth Sciences，68（4）：1143-1151.

Massaro M，Ciani R，Cinà G，et al.，2022. Antimicrobial nanomaterials based on halloysite clay mineral：research advances and outlook [J]. Antibiotics，11（12）：1761.

May R，2006. "Connectivity" in urban rivers：conflict and convergence between ecology and design[J]. Technology in Society，28（4）：477-488.

Mcneely J A，Miller K，Mittermeier R A ,et al.，1990. Conserving the world's biological diversity . Gland ：International Union for Conservation of Nature and Natural Resources.

Meis S，Spears B M，Maberly S C，et al.，2013. Assessing the mode of action of Phoslock ®in the control of phosphorus release from the bed sediments in a shallow lake（Loch Flemington，UK）[J]. Water Research，47（13）：4460-4473.

Pearce D W，1993. Economic Values and the Natural World. Cambridge：MIT Press.

Richter B D，Baumgartner J V，Powell J，et al.，1996. A method for assessing hydrologic alteration within ecosystems[J]. Conservation Biology，10（4）：1163-1174.

Rojewska M，Smulek W，Kaczorek E，et al.，2021. Langmuir monolayer techniques for the investigation of model bacterial membranes and antibiotic biodegradation mechanisms[J]. Membranes，11（9）：707.

Ringold P L，Boyd J，Landers D，et al.，2013. What data should we collect? A framework for identifying indicators of ecosystem contributions to human well‐being[J]. Frontiers in Ecology and the Environment，11（2）：98-105.

Wallace K J，2007. Classification of ecosystem services：problems and solutions. Biological Conservation. 139（3-4）:235-246.

Yin H B，Kong M，2015. Reduction of sediment internal P-loading from eutrophic lakes using thermally modified calcium-rich attapulgite-based thin-layer cap[J]. Journal of Environmental Management，151：178-185.